Statistik

Grundwissen und Formeln

Prof. Dr. Johannes Grabmeier

Prof. Dr. Stefan Hagl

2. Auflage

HAUFE.

Inhalt

Vorwort

Mit diesem Kompendium haben wir die wichtigsten statistischen Formeln und Techniken, die gemeinsam sind für Anwendungen in den Wirtschafts- und Sozialwissenschaften, in der Psychologie und in der Medizin, in Biologie und anderen Naturwissenschaften sowie in den Ingenieurwissenschaften bereitgestellt. Dabei sollte nicht einfach nur eine Formelsammlung für die Studierenden und die Anwender vorgelegt werden, sondern es sollte auch ein gewisses Maß an Grundwissen der Statistik vermittelt werden. Natürlich kann und will ein solches Bändchen keineswegs einschlägige Lehrbücher über Statistik ersetzen. Wir hoffen jedoch, dass dadurch die eine oder andere statistische Anwendung leichter von der Hand geht.

Am Anfang sind verwendete mathematische Grundbegriffe zusammengestellt. Als zusätzlichen Service haben wir einschlägige statistische Funktionen in den Tabellenkalkulationsprogrammen MS Excel®[1] (lizenzpflichtig) und OpenOffice Calc[2] oder LibreOffice Calc[3] (Freeware) im jeweiligen Kontext in roter Umrahmung mit den notwendigen Parametern eingefügt.

Deggendorf, im August 2012 nach Durchsicht für die zweite Auflage

Prof. Dr. Johannes Grabmeier und Prof. Dr. Stefan Hagl

---

[1] http://office.microsoft.com/de-de/excel/default.aspx
[2] http://openoffice.org/de
[3] http://de.libreoffice.org/

Einführung und Grundlagen

Aufgaben und Zielsetzung der Statistik

Der Begriff Statistik wird im allgemeinen Sprachgebrauch meist gleichgesetzt mit einer Anhäufung von Zahlen, Tabellen, Schaubildern, eben sogenannten „Statistiken". Dahinter liegt aber auch eine eigene wissenschaftliche Disziplin mit diesem Namen. Diese befasst sich mit der Entwicklung und Anwendung formaler Methoden zur Gewinnung, Beschreibung und Analyse sowie zur Beurteilung quantitativer Beobachtungen – also Daten. Die Statistik lässt sich unterteilen in die deskriptive oder beschreibende und die induktive oder schließende Statistik.

Deskriptive Statistik

Im Rahmen der deskriptiven Statistik werden Daten erhoben, d.h. gemessen oder beobachtet, unter bestimmten Aspekten beschrieben, komprimiert und grafisch aufbereitet. Die deskriptive Statistik befasst sich also mit der statistischen Beschreibung vorliegender Daten zum Zwecke der Informationsbündelung.

Induktive Statistik

Die induktive Statistik geht einen Schritt weiter und zieht aus der deskriptiven Analyse der vorliegenden Daten bestimmte Schlussfolgerungen. Zumeist sind dabei die vorliegenden Daten Werte einer Stichprobe, die aus einer

Grundgesamtheit stammt. Ziel ist es, Aussagen über die umfassendere Grundgesamtheit zu machen.

Wahrscheinlichkeitsrechnung

Die Folgerungen von der Stichprobe auf die Grundgesamtheit gelten aber nicht mit Sicherheit, sondern nur „mit möglichst großer Wahrscheinlichkeit“. Deshalb ist die Wahrscheinlichkeitsrechnung die Grundlage der schließenden Statistik und als Bindeglied zwischen den beiden Teilgebieten anzusehen.

Mathematische Symbole und Grundlagen

$=$	Gleichheit von mathematischen Objekten,
$:=$	Gleichheit durch Definition,
$\approx$	ungefähre Gleichheit,
$\in$	Element in,
$\Rightarrow, \Leftarrow$	Implikation,

$\subseteq$	Teilmenge,
$\cap$	Durchschnitt von Mengen,
$\cup, \bigcup$	Vereinigung von Mengen,
$\mathfrak{P}(\Omega) := \{E \mid E \subseteq \Omega\}$	Potenzmenge einer Menge Ω,
$\lvert E \rvert$	Anzahl der Elemente einer Menge E,
$(x; y) \in E \times F$	kartesisches Produkt der zwei Mengen E und F, Elemente
$(x; y)$	heißen Tupel mit $x \in E, y \in F$,

$(x_1; \dots ; x_n) \in E^n$ Verallgemeinerungen sind n-Tupel,
$\{E_1; \dots ,E_k\}$ mit $\Omega = \bigcup_{i=1}^{k} E_i$, $i \neq j \Rightarrow E_i \cap E_j = \emptyset$ ist eine Partition,

---

$\mathbb{N}$ die natürlichen Zahlen,
$\binom{n}{k} = \frac{n!}{k!(n-k)!}$ Binomialkoeffizient $0 \leq k \leq n$,
$\binom{n}{a} = \binom{n}{a_1, a_2, \dots, a_k} = \frac{n!}{a_1! \cdot \ldots \cdot a_k!}$
Multinomialkoeffizient für $a := (a_1, \dots ,a_k) \in \mathbb{N}^k, \sum_{i=1}^{k} a_i = n$,

---

$\mathbb{R}$ die reellen Zahlen,
$[a; b] = \{x \in \mathbb{R}, a \leq x \leq b\}$
geschlossenes Intervall,
$[a; b[= \{x \in \mathbb{R}, a \leq x < b\}$
halboffenes Intervall,
$]a; b] = \{x \in \mathbb{R}, a < x \leq b\}$
halboffenes Intervall,
$]a; b[= \{x \in \mathbb{R}, a < x < b\}$
offenes Intervall,
$\lfloor x \rfloor \in \mathbb{N}$ untere Gaussklammer, größte ganze Zahl, kleiner oder gleich $x \in \mathbb{R}$,
$\lceil x \rceil \in \mathbb{N}$ obere Gaussklammer, kleinste ganze Zahl, größer oder gleich $x \in \mathbb{R}$,
$\pi \approx 3{,}14159265$ die Kreiszahl π,
$e \approx 2{,}71828182$ die Euler'sche Konstante e,

$X^{-1}(B) := \{x \in \mathbb{R} | X(x) \in B\}$
Urbildmenge für eine Abbildung $X : \mathbb{R} \to Y$ und $B \subseteq Y$,

Γ	die Gammafunktion mit
$\Gamma(1) = 1$, $\Gamma\left(\frac{1}{2}\right) = \sqrt{\pi}$, $\Gamma(x+1) = x\Gamma(x)$	für $0 < x \in \mathbb{R}$,
$f(\alpha x_0 + (1-\alpha)x_1) \approx \alpha f(x_0) + (1-\alpha)f(x_1)$	lineare Interpolation für $f : \mathbb{R} \longrightarrow \mathbb{R}$, $x_0, x_1 \in \mathbb{R}$, $x_0 < x_1 \in \mathbb{R}$ und Zwischenpunkt $\alpha x_0 + (1-\alpha)x_1$ für $\alpha \in]0;1[$,
$A := (a_{i,j})_{1 \leq i \leq m, 0 \leq j \leq n} \in \mathbb{R}^{m \times n}$	Matrix mit m Zeilen und n Spalten,
$A^t := (a_{j,i})_{1 \leq i \leq m, 0 \leq j \leq n} \in \mathbb{R}^{n \times m}$	transponierte Matrix,
$\sqrt{\sum_{i=1}^{n}(x_i - y_i)^2}$	euklidischer Abstand von $x, y \in \mathbb{R}^n$.

Merkmale und Skalen

Merkmale, Merkmalsträger, Ausprägungen

Eigenschaften, die zum Zwecke der statistischen Datenanalyse erhoben werden, nennt man Merkmale oder auch Variablen. Die Merkmale werden an statistischen Einheiten oder Merkmalsträgern erhoben. Die Werte eines Merkmals heißen Ausprägungen oder Realisationen.

Gesamtheiten und Erhebung

Die für eine statistische Untersuchung relevante Menge an Merkmalsträgern heißt Grundgesamtheit. Werden alle

Merkmalsträger einer Grundgesamtheit erfasst, liegt eine Vollerhebung vor. Wird nur ein Teil der relevanten Merkmalsträger erfasst, spricht man von Teilerhebung. Es liegt dann eine Teilgesamtheit vor.

Bei einer primärstatistischen Datenerhebung werden Daten eigens zu statistischen Zwecken erhoben durch Befragung, Beobachtung und Experiment. Dagegen wird bei einer sekundärstatistischen Datenerhebung auf bereits erhobenes und aufbereitetes statistisches Datenmaterial zurückgegriffen.

Typen von statistischen Merkmalen

Merkmale werden unterschieden nach der Anzahl der möglichen Ausprägungen in diskrete und stetige Merkmale.

- Diskrete Merkmale: Diese können nur endlich oder abzählbar unendlich viele Ausprägungen annehmen, z.B. Merkmale, deren Ausprägungen man durch Zählen erhalten kann. Als wichtiger Spezialfall sind binäre oder dichotome Merkmale zu nennen, die genau zwei Werte haben.
- Stetige Merkmale: Diese können in einem Intervall jeden reellen Wert annehmen, im Prinzip (überabzählbar) unendlich viele verschiedene Ausprägungen, z.B. Merkmale, deren Ausprägungen man durch Messen erhält.

Merkmale können auch hinsichtlich ihres Skalenniveaus in nominalskalierte, in ordinalskalierte und in metrische Merkmale unterschieden werden.

- Nominalskalierte Merkmale: Ihre Ausprägungen lassen sich nur unterscheiden, z.B. Geschlecht, Farben, Vertriebsbereich. Solche Merkmale nennt man auch qualitative Merkmale.

- Ordinalskalierte Merkmale: Ihre Ausprägungen können zudem in eine sinnvolle Rangfolge gebracht werden, z.B. Schulnoten, Zustimmungsgrad oder Bewertungen von Ratingagenturen.
- Metrische bzw. kardinalskalierte Merkmale: Hier lassen sich die Unterschiede zwischen den Ausprägungen messen und sinnvoll interpretieren, z.B. Anzahl, Zeitdauer. Metrische Merkmale heißen auch quantitative Merkmale und können des Weiteren unterschieden werden in:
  - intervallskalierte Merkmale: Differenzen, nicht aber Verhältnisse zwischen Ausprägungen, sind sinnvoll messbar, da kein natürlicher Referenzpunkt existiert; z.B. Temperatur in Celsiusgraden;
  - verhältnisskalierte Merkmale: Auch Verhältnisse können sinnvoll gemessen werden, da ein natürlicher Referenzpunkt vorhanden ist; z.B. Alter, Größe, Stückzahl.

Häufigkeitsverteilungen

Urliste

Daten liegen nach ihrer Erhebung zumeist ungeordnet als Rohdaten vor. Die Anzahl von n Beobachtungswerten x_i, $i = 1, \dots, n$, eines statistischen Merkmals bezeichnet man als Urliste.

Beispiel

Eine Urliste eines Merkmals „Anzahl Personen im Haushalt" bestehend aus $n = 84$ Werten:

1	2	1	5	2	4	2	3	2	3	1	2	1	3	4	2	4	1	3	4	2
5	1	2	1	2	4	3	4	1	2	1	2	3	3	4	7	2	1	4	5	1
6	1	2	3	3	4	2	2	3	4	1	1	2	3	3	1	2	3	3	4	6
1	2	2	5	6	4	1	5	1	2	3	4	5	4	2	1	2	3	1	6	5.

Um einen ersten Überblick über Inhalt und Struktur der Daten zu bekommen, werden diese zunächst arrangiert und in eine tabellarische Form gebracht. Auch grafische Verfahren dienen diesem Zweck.

Häufigkeitsverteilung

Aus der Urliste erfolgt die Aufbereitung zur Häufigkeitsverteilung, je nach Merkmalsbeschaffenheit durch Zählen, auch Gruppieren genannt, bzw. Klassifizieren.

Zählen und Gruppieren

Bei diskreten Merkmalen werden zunächst die verschiedenen vorkommenden Werte eines Merkmals $x_j, 1 \leq j \leq m$, ermittelt. Sie werden Kategorien genannt. Anschließend wird festgestellt, wie oft jede der m Kategorien in der Urliste vorkommt, entweder als absolute Häufigkeit f_j oder als relative Häufigkeit $f_j' := \frac{f_j}{n}$. Das Ergebnis wird in einer Häufigkeitstabelle

$$\left(x_j, f_j, f_j'\right)_{1 \leq j \leq m}$$

dargestellt. Der gesamte Prozess wird Gruppieren genannt. Statt von Häufigkeitsverteilung wird auch von einer Verteilung der Werte eines Merkmals gesprochen.

Beispiel

Die Urliste auf Seite 12 enthält nur $m = 7$ verschiedene Ausprägungen, die Kategorien $1, 2$ bis 7. Die Häufigkeitsverteilung ist

Kateg.	x_j	1	2	3	4	5	6	7
abs. H.	f_j	20	22	16	14	7	4	1
rel. H.	f_j'	0,2381	0,2619	0,1905	0,1667	0,0833	0,0476	0,0119

Klassifizieren

Stetige Merkmale werden klassifiziert. Dazu werden Intervalle als Klassen mit jeweils einer Unter- und Obergrenze festgelegt. Anschließend wird die Anzahl der Werte, die in die jeweiligen Klassen fallen, ermittelt. Die so erhaltenen absoluten oder relativen Klassenhäufigkeiten geben die klassifizierte Häufigkeitsverteilung wieder.

Beispiel

Eine Urliste bestehend aus $n = 84$ Werten des Merkmals „Nettoeinkommen". Es lassen sich beispielsweise die folgenden Klassen mit den zugehörigen Häufigkeiten angeben (Einheit 100 €):

Kateg.	x_j	$[0; 8[$	$[8; 13[$	$[13; 20[$	$[20; 25[$	$[25; 30[$	$[30; 40[$
abs. H.	f_j	10	35	23	7	7	2
rel. H.	f_j'	0,1190	0,4167	0,2738	0,0833	0,0833	0,0238

Klassen sollen eine Partition des Wertebereichs bilden. Manchmal empfiehlt sich, die Rand- oder Flügelklassen künstlich zu schließen. Bei der Klassenbildung ist darauf zu achten, dass bei der Festlegung sowohl der Anzahl als auch der Breite der Klassen ein Konsens zwischen Übersichtlichkeit und Informationsgehalt gefunden wird!

Kumulierte Häufigkeiten

Addiert man sukzessive die Kategorien- bzw. Klassenhäufigkeiten, so ergeben sich die kumulierten absoluten Häufigkeiten F_j bzw. die kumulierten relativen Häufigkeiten F'_j.

$$F_j := \sum_{\nu=1}^{j} f_\nu; \qquad F'_j := \sum_{\nu=1}^{j} f'_\nu; \qquad F_m = n; \qquad F'_m = 1.$$

Sortieren und Ausreißer

Das Sortieren einer Reihe von Werten einer ordinalskalierten oder metrischen Variablen der Urliste kann ein erster Schritt sein, einen Überblick über das vorhandene Datenmaterial zu erlangen. Manche beschreibende Verfahren setzen eine aufsteigend oder absteigend sortierte Reihe von Beobachtungswerten voraus. Die Werte erhalten nach der Sortierung eine Positionsziffer oder Ordnungszahl (i) als neuen Index. So gilt bei einer aufsteigend sortierten Reihe von n Beobachtungswerten beispielsweise $x_{(1)} \leq x_{(2)} \leq x_{(3)} \leq \cdots \leq x_{(n)}$ mit $x_{(1)}$ als kleinstem und $x_{(n)}$ als größtem Wert. Bei nur nominalskalierten Merkmalen ist eine Sortierung nicht möglich, da in diesem Fall keine Ordnungsrelation vorliegt.

Durch die Sortierung werden sofort das Minimum x_{min} und das Maximum x_{max} des vorliegenden Datenmaterials sichtbar sowie daraus folgend der Wertebereich, in dem die Daten liegen. Des Weiteren kommt man durch eine Sortierung sogenannten Ausreißerwerten auf die Spur. Das sind Werte, die nicht in die erwartete Messreihe passen oder allgemein nicht den Erwartungen entsprechen, weil sie beispielsweise größer oder kleiner sind als der überwiegende Teil der Daten. Zur Beurteilung der „Erwartung“ dienen meist Streuungsbereiche um einen Mittelwert herum. Allerdings ist zu untersuchen, ob es sich bei den Ausreißern um echte Beobachtungswerte oder etwa um Messfehler handelt.

Minimum: $x_{\text{min}} = \mathtt{MIN}(x_1 : x_n)$

Maximum: $x_{\text{max}} = \mathtt{MAX}(x_1 : x_n)$

Grafische Darstellungen

Nominal- und ordinalskalierte Merkmale

Im Kreisdiagramm werden die relativen Häufigkeiten eines Merkmals so zum Ausdruck gebracht, dass die gesamte Kreisfläche in verschiedene Sektoren aufgeteilt wird. Die Sektorenwinkel berechnen sich entsprechend der vorgegebenen relativen Häufigkeiten. Somit entspricht die Fläche eines Sektors der relativen Häufigkeit.

Beispiel

200 Studierende sind nach Studienfach mit absoluten und relativen Häufigkeiten wie folgt aufgegliedert:

Fach	BWL	WI	TM
abs. H.	120	60	20
rel. H.	0,6	0,3	0,1

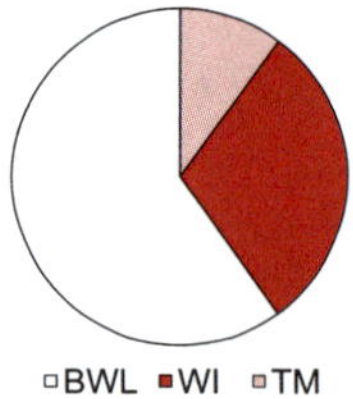

Das Stabdiagramm – oder Säulendiagramm – ist eine höhenproportionale Darstellung. Über den Kategorien wird ein Stab/eine Säule errichtet, wobei die Höhe der absoluten bzw. relativen Häufigkeit der Kategorie entspricht.

Beispiel

Für die Studienfachverteilung der 200 Studenten erhält man somit folgendes Diagramm:

Fach	BWL	WI	TM
abs. H.	120	60	20
rel. H.	0,6	0,3	0,1

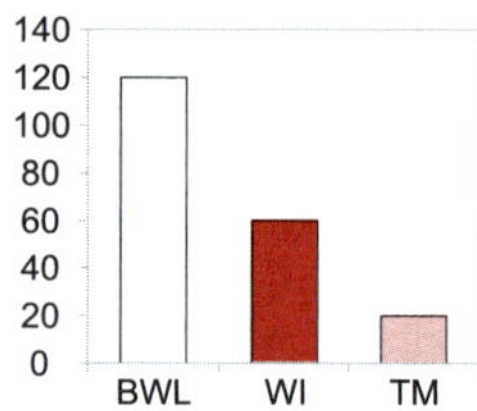

Metrische Merkmale

In einem Histogramm wird über jeder Klasse ein Rechteck gezeichnet. Dabei muss seine Fläche proportional zur Häufigkeit sein. Bei stets gleicher Breite entspricht das dem Säulendiagramm ohne Zwischenräumen zwischen den Säulen. Andernfalls wird zur Ermittlung der Höhen die absolute bzw. relative Häufigkeit durch die Rechteckbreite dividiert.

Beispiel

Für das in sechs Klassen klassifizierte Merkmal „Nettoeinkommen" (Einheit 100 €) lassen sich die Höhen eines absoluten Histogramms mit Flächen f_j wie folgt angeben:

j	Klasse	f_j	Breite	Höhe
1	[0; 8[	10	8	0,0125
2	[8; 13[	35	5	0,7000
3	[13; 20[	23	7	0,0329
4	[20; 25[	7	5	0,0140
5	[25; 30[	7	5	0,0140
6	[30; 40[	2	10	0,0020

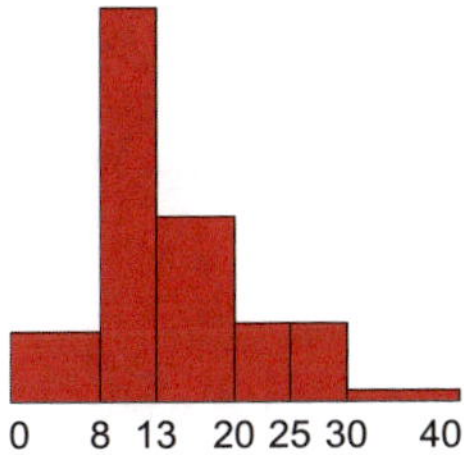

Kenngrößen

Es gibt Lageparameter und Streuungsmaße, die im Folgenden behandelt werden. Die wichtigsten Lageparameter sind die Maße zentraler Tendenz, d.h. es sind Kenngrößen, die sich in irgendeinem Sinne in der Mitte von Werten einer Datenliste befinden. Neben den Lageparametern sind Streuungsmaße wichtige Kennzahlen zur Charakterisierung einer Verteilung. Sie beschreiben die Lage der Merkmalswerte in Bezug auf ihre zentrale Tendenz.

Modus oder Modalwert

Der Modus oder Modalwert ist der am häufigsten vorkommende Wert einer Reihe von Merkmalswerten, falls es einen solchen gibt. Für nominale Merkmale ist er der einzig verfügbare Lageparameter.

Modalwert: $=$ MODALWERT($x_1 : x_n$)

Zentralwert oder Median

Für ein ordinalskaliertes Merkmal werden die n Merkmalswerte der Urliste der Größe nach sortiert – siehe Seite 14. Der Zentralwert oder Median $Q_{0,5}$ ist der Wert, der diese Reihe halbiert. Er trennt damit die 50% der kleineren von den 50% der größeren Werte des Merkmals. Für ungerades n gilt unter Benutzung der unteren Gaussklammer[4] $Q_{0,5} := x_{(\lfloor \frac{n}{2} \rfloor + 1)}$. Für gerades n wird vereinfachend approximativ $Q_{0,5} := x_{(\lfloor \frac{n}{2} \rfloor)}$ benutzt. Gilt für die Merkmale $x_i \in \mathbb{R}$, dann wird auch bisweilen $Q_{0,5} := \frac{1}{2}(x_{(\lfloor \frac{n+1}{2} \rfloor)} + x_{(\lceil \frac{n+1}{2} \rceil)})$ verwendet.

Median: $Q_{0,5}$ = MEDIAN($x_1 : x_n$)

Quantile

In Verallgemeinerung des Medians teilt für $p \in]0; 1[$ das p-Quantil die n Beobachtungswerte im Verhältnis $p : (1-p)$ auf. Das p-Quantil Q_p ist jener Merkmalswert – falls existent – der in einer geordneten Reihe den Anteil p der kleinsten Werte vom Rest trennt. Als Grenzfall wird auch $p = 0$ und $p = 1$ zugelassen. Wichtige Beispiele sind die Quartile oder Viertelwerte für $p \in \{0{,}25; 0{,}50; 0{,}75\}$, die Quintile oder Fünftelwerte für $p \in \{0{,}2; 0{,}4; 0{,}6; 0{,}8\}$, die Dezile oder Zehntelwerte für Dezile $p \in \{j \cdot 0{,}1 | 1 \leq j \leq 9\}$ und die Perzentile für $p \in \{j \cdot 0{,}01 | 1 \leq j \leq 99\}$.

[4] Siehe Seite 8.

Ein Quartil existiert nur, falls $n = 4q + 3$ für ein $q \in \mathbb{N}$ ist. Es ist dann $Q_{0,25} = x_{q+1}$ und $Q_{0,75} = x_{3q+3}$. Liegt eine metrische Skala vor, so werden manchmal Approximationen als Quartile bestimmt. Dazu berechnet man $q := \frac{n-3}{4} \in \mathbb{R}$ und verwendet die Formeln $q + 1$ und $3q + 3$ als Anleitung für einen gewichteten Mittelwert der beiden benachbarten Werte.

Beispiel

Es liegen die $n = 12$ Merkmalswerte

$$56 \quad 58 \quad 58 \quad 60 \quad 65 \quad 67 \quad 70 \quad 71 \quad 71 \quad 73 \quad 75 \quad 76$$

vor. Es gilt $q + 1 := \frac{n-3}{4} + 1 = 3{,}25$. Das 1. Quartil befindet sich also zwischen dem 3. und 4. kleinsten Wert, teilt aber die Differenz zwischen ihnen im Verhältnis 3:1! Also

$$Q_{0,25} := \tfrac{3}{4}x_3 + \tfrac{1}{4}x_4 = \tfrac{1}{4}(3 \cdot 58 + 1 \cdot 60) = 58 + \tfrac{60-58}{4} = 58{,}5.$$

Der Aspekt, ein p-Quantil als Urbild einer Verteilungsfunktion zu interpretieren, wird auf Seite 67 behandelt.

p-Quartil für $p \in \{0{,}25; 0{,}50; 0{,}75\}$:
$Q_p = \texttt{QUARTILE}(x_1 : x_n;\ 4p)$

p-Quantil: $Q_p = \texttt{QUANTIL}(x_1 : x_n;\ p)$

Arithmetisches Mittel

Das arithmetische Mittel, auch als Durchschnitt oder Mittelwert bezeichnet, wird für metrische Merkmale berechnet. Je nachdem, ob die Werte einer Urliste oder bereits m Kategorien mit zugehörigen absoluten oder relativen Häufigkeiten vorliegen, wird es wie folgt berechnet:

$$\mu := \frac{1}{n}\sum_{i=1}^{n} x_i = \frac{1}{n}\sum_{j=1}^{m} f_j x_j = \sum_{j=1}^{m} f_j' x_j.$$

Arithmetisches Mittel: μ = MITTELWERT($x_1 : x_n$)

Entsprechend bezeichnet

$$\sum_{i=1}^{n} \omega_i x_i, \quad 0 \leq \omega_i \leq 1, \quad \sum_{i=1}^{n} \omega_i = 1,$$

das gewogene oder gewichtete arithmetische Mittel mit den Gewichten ω_i. Liegt eine klassifizierte Häufigkeitsverteilung $(f_j)_{1\leq j\leq m}$ mit m Klassen vor, so berechnet sich das arithmetische Mittel μ durch

$$\mu = \frac{1}{n}\sum_{j=1}^{m} f_j \mu_j = \sum_{j=1}^{m} f_j' \mu_j,$$

falls die klassenspezifischen Mittelwerte μ_j berechnet werden können oder bereits vorliegen. Ist dies nicht der Fall, kann das arithmetische Mittel nur näherungsweise berechnet werden, indem anstelle der Klassenmittelwerte μ_j die Klassenmitten x_j' verwendet werden:

$$\mu \approx \frac{1}{n}\sum_{j=1}^{m} f_j x_j' = \sum_{j=1}^{m} f_j' x_j'.$$

Auch bei ordinalen Merkmalen mit Zahlen als Ausprägungen wie z.B. Schulnoten von 1 bis 6 wird oft das arithmetische Mittel berechnet.

Als α-gestutztes Mittel für $\alpha \in]0;1[$ bezeichnet man das arithmetische Mittel aus den Werten, die nach der Eliminierung des $\frac{\alpha}{2}$-Anteils der kleinsten und des $\frac{\alpha}{2}$-Anteils der größten Werte noch verbleiben. Damit soll die Gefahr von Mittelwertverzerrungen, die durch Ausreißer bedingt sind, gebannt werden.

α-gestutztes Mittel: `GESTUTZTMITTEL(`$x_1 : x_n$`;` α`)`

Geometrisches Mittel

Bei Zuwachs- bzw. Wachstumsgrößen ist nicht das arithmetische Mittel, sondern das geometrische Mittel zu verwenden. Für n positive Werte ist es definiert als

$$\mu_g := \sqrt[n]{x_1 \cdot x_2 \ldots \cdot x_n} = \left(\prod_{i=1}^{n} x_i\right)^{\frac{1}{n}}.$$

Beispiel

Ein Betrag von 1000 € wird für drei Jahre an der Börse angelegt. Nach einem Jahr steigt der Betrag auf 1075 €, nach zwei Jahren auf 1145 € und nach drei Jahren auf 1200 € an. Als Wachstumsfaktoren ergeben sich damit $y_1 = \frac{1075}{1000} = 1{,}075$, $y_2 = \frac{1145}{1075} = 1{,}065$ und $y_3 = \frac{1200}{1145} = 1{,}048$. Die jeweiligen jährlichen Zuwächse sind also 7,5%, 6,5% und 4,8%. Das durchschnittliche Wachstum pro Jahr wird mit dem geometrischen Mittel zu $\sqrt[3]{1{,}075 \cdot 1{,}065 \cdot 1{,}048} \approx 1{,}0626$ berechnet. Probe: $1000 \cdot 1{,}0626^3 \approx 1200$.

Geometrisches Mittel: $\mu_g = \texttt{GEOMITTEL}(x_1 : x_n)$

Harmonisches Mittel

Das harmonische Mittel μ_h ist für die Mittelwertbildung von Anteilswerten, Prozentzahlen und Verhältniszahlen zu verwenden. Es berechnet sich wie folgt:

$$\mu_h := \frac{n}{\sum_{i=1}^{n} \frac{1}{x_i}}.$$

In Analogie zum gewichteten arithmetischen Mittel gibt es auch hier eine gewichtete Version:

$$\mu_h := \frac{\sum_{i=1}^{m} \omega_i}{\sum_{i=1}^{m} \frac{\omega_i}{x_i}}.$$

Beispiel

Ein Autofahrer fährt von Passau nach München auf der Autobahn. Die ersten 50 km bis Deggendorf legt er mit einer Durchschnittsgeschwindigkeit von 125 km/h zurück, die 80 km von dort bis Landshut fährt er im Durchschnitt 160 km/h, Für die letzten 60 km kommt er auf einen Durchschnitt von 120 km/h. Insgesamt legt er die ganze Strecke mit einer Durchschnittsgeschwindigkeit von $\mu_h = \frac{50+80+60}{\frac{50}{125}+\frac{80}{160}+\frac{60}{120}} = \frac{190}{0{,}4+0{,}5+0{,}5} \approx 135{,}71$ zurück.

Harmonisches Mittel: $\mu_h = \texttt{HARMITTEL}(x_1 : x_n)$

Spannweite

Die Spannweite R ist die Differenz aus dem größten Wert x_{max} und dem kleinsten Wert x_{min} einer Beobachtungsreihe. Bei ihr werden nur zwei Werte (Extremwerte) berücksichtigt, unabhängig von der Anzahl der vorliegenden Werte, weshalb sie nicht robust gegenüber Ausreißern ist.

$$R := x_{\max} - x_{\min}.$$

Quantilsabstände

Quantilsabstände sind Differenzen zwischen zwei Quantilswerten. Als Streuungsmaß, welches lediglich Ordinalskalenniveau voraussetzt, wird üblicherweise der halbe Quartilsabstand, auch Semiquartilsabstand genannt, verwendet. Dieser ergibt sich als Hälfte der Differenz zwischen dem 3. und dem 1. Quartil.

$$Q := \frac{Q_{0,75} - Q_{0,25}}{2}.$$

Quartilskoeffizient

Der Quartilskoeffizient Q_k ist ein dimensionsloses, relatives Streuungsmaß und wird gebildet aus dem Quotienten aus Semiquartilsabstand und Median. Hier wird also ein Streuungsmaß auf den vom Skalenniveau her passenden Lagewert bezogen, was Vergleiche von Streuungen verschiedener Verteilungen mit stark abweichenden Lagewerten oder unterschiedlichen Einheiten ermöglicht:

$$Q_k := \frac{Q}{Q_{0,5}}.$$

Mittlere absolute Abweichung

Liegt metrisches Datenmaterial vor, so soll eine Streuungskennzahl möglichst die Abweichung aller Werte vom Mittelwert μ umfassen. Die mittlere absolute Abweichung trägt dieser Forderung Rechnung, indem sie die absoluten Abstände mittelt. Man erhält sie aus den Werten einer Urliste $(x_i)_{1 \leq i \leq n}$ durch:

$$MAA := \frac{1}{n} \sum_{i=1}^{n} |x_i - \mu|,$$

bzw. bei Vorliegen einer Häufigkeitsverteilung $(x_j, f_j)_{1 \leq j \leq m}$ bzw. $(x_j, f_j')_{1 \leq j \leq m}$ durch:

$$MAA = \frac{1}{n} \sum_{j=1}^{m} f_j |x_j - \mu| = \sum_{j=1}^{m} f_j' |x_j - \mu|.$$

Die Verwendung des Betragszeichens bewirkt, dass sich negative und positive Abweichungen vom arithmetischen Mittel nicht bei der Summation zu Null saldieren.

Mittlere absolute Abweichung:
MAA = `MITTELABW(`$x_1 : x_n$`)`

Varianz und Standardabweichung

Derselbe Effekt kann auch durch Quadratbildung erzielt werden. Als Varianz $\mathbb{V}$ oder σ^2 wird die mittlere quadratische Abweichung bezeichnet. Dies führt aber zu einer Verzerrung, da größere Abweichungen dadurch einen größeren Einfluss erhalten als kleinere Abweichungen:

$$\mathbb{V} := \sigma^2 := \frac{1}{n}\sum_{i=1}^{n}(x_i - \mu)^2 = \frac{1}{n}\sum_{i=1}^{n} x_i^2 - \mu^2.$$

Die letzte Formel ist auch als Verschiebungssatz bekannt. Bei Vorliegen einer Häufigkeitsverteilung $(x_j, f_j)_{1\leq j\leq m}$ bzw. $(x_j, f_j')_{1\leq j\leq m}$ ergibt sich

$$\begin{aligned} \mathbb{V} = \sigma^2 &= \frac{1}{n}\sum_{j=1}^{m} f_j\,(x_j - \mu)^2 = \sum_{j=1}^{m} f_j'\,(x_j - \mu)^2 \\ &= \frac{1}{n}\sum_{j=1}^{m} f_j x_j^2 - \mu^2 = \sum_{j=1}^{m} f_j' x_j^2 - \mu^2. \end{aligned}$$

Die Varianz quadriert nicht nur die Werte, sondern auch deren Einheiten. Dieser Umstand macht die Varianz schwer interpretierbar.

Varianz: $\sigma^2 = \texttt{VARIANZEN}(x_1 : x_n)$

Erst beim Übergang zur Standardabweichung σ als positive Wurzel aus der Varianz wird die Streuung wieder in der ursprünglichen Einheit gemessen:

$$\sigma := \sqrt{\frac{1}{n}\sum_{i=1}^{n}(x_i - \mu)^2}.$$

Standardabweichung: $\sigma =$ `STABWN`$(x_1 : x_n)$

Variationskoeffizient

Ebenso wie beim Quartilskoeffizient wird beim Variationkoeffizient v ein Streuungsmaß auf einen Lageparameter bezogen. Hier sind das die Standardabweichung und der Absolutwert des arithmetischen Mittels:

$$v := \frac{\sigma}{|\mu|}.$$

Damit erhält man wieder ein relatives, dimensionsloses Streuungsmaß, welches auch die Varianz von Größen unterschiedlicher Einheit vergleichbar macht.

Boxplot oder Kistendiagramm

Der Boxplot oder das Kistendiagramm wird zur grafischen Darstellung der Verteilung metrischer Daten verwendet. Dieses Verfahren zählt zur explorativen Datenanalyse, die die beschreibende Statistik durch Auffinden von Strukturen und deren Visualisierung erweitert. Das Boxplot-Diagramm fasst dabei verschiedene robuste Streuungs- und Lagemaße zusammen und vermittelt damit schnell einen Eindruck über die Lage und Verteilung der Daten.

Die Box wird dabei begrenzt durch das erste Quartil $Q_{0,25}$ und das dritte Quartil $Q_{0,75}$. Der Median $Q_{0,5}$ wird als durchgehender Strich in der Box eingezeichnet. Das Eineinhalbfache des Quartilsabstandes bestimmt den Abstand der inneren Grenzen von den Seiten der Box, das Dreifache den Abstand der äußeren Grenzen. Jene Beobachtungswerte, die gerade noch innerhalb der inneren Grenzen liegen, sind die beiden sogenannten Whisker[5] oder angrenzende Beobachtungen. Sie werden eingezeichnet und durch Linien mit der Box verbunden werden. Werte außerhalb der inneren Grenzen werden einzeln markiert. Die Werte zwischen innerer und äußerer Grenze werden als milde Ausreißer, die Werte außerhalb der äußeren Grenzen als extreme Ausreißer bezeichnet.

Beispiel

Es liegen $n = 24$ Beobachtungswerte vor, nämlich

7 6 8 6 7 8 9 10 1 7 8 7 7 7 12 14 5 3 7 8 6 9 8 8

– sortiert

1 3 5 6 6 6 7 7 7 7 7 7 7 8 8 8 8 8 8 9 9 10 12 14

Der Median ist hier der Wert 7, das erste Quartil liegt bei 6,25, das dritte Quartil bei 8. Der Quartilsabstand beträgt 1,75. Damit liegen die inneren Grenzen bei 3,625 und 10,525, die äußeren bei 1 und 13,25. Die Whisker sind 5 und 10, die milden Ausreißer 1, 3 und 12, ein extremer Ausreißer ist 14. Als Boxplot erhält man:

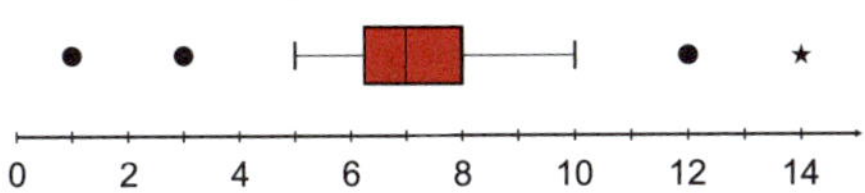

[5] Deutsch: Barthaar.

Konzentrationsmaße

In Bezug auf die Verteilung vom Merkmalswerten spricht man von Konzentration, wenn sich die Merkmalswerte auf einen bestimmten Wertebereich konzentrieren, dort also gehäuft auftreten. Konzentrationsmaße bringen somit die Häufung – oder Ballung – von Merkmalswerten auf Bereiche zum Ausdruck, unabhängig von der Lage oder der Größe des Mittelwertes. Die Konzentrationsrechnung versucht Fragen folgender Art zu beantworten: Auf welche Anzahl bzw. auf welchen Anteil der Merkmalsträger entfällt welcher Anteil an der Gesamtmerkmalssumme? Im ersten Falls spricht man von absoluter Konzentration, im zweiten Fall von relativer Konzentration. Voraussetzung für Konzentrationsmessungen ist das Vorliegen von metrischen, nicht-negativen Merkmalen, bei denen eine Summenbildung möglich und sinnvoll ist. Die Merkmalswerte können dafür ungruppiert als Urliste, gruppiert oder in Klassen eingeteilt vorliegen. Bei manchen Konzentrationsmaßen müssen die Merkmalswerte zuvor der Größe nach absteigend, bei anderen aufsteigend sortiert werden.

Herfindahl-Index

Der Herfindahl-Index ist ein Maß für die absolute Konzentration und eignet sich bei ungruppierten bzw. nicht-klassifizierten, nicht-negativen Daten einer Urliste $(x_i)_{1 \leq i \leq n}$. Man bestimmt dabei zunächst die Gesamtmerkmalssumme $x := \sum_{i=1}^{n} x_i > 0$.[6] Dann werden die Anteile $\frac{x_i}{x}$ eines jeden Merkmalswertes x_i an der

[6] Ohne Einschränkung gilt $x_i > 0$ für wenigstens ein i.

Gesamtsumme x bestimmt. Der Herfindahl-Index H ist die Summe der quadrierten Anteile.

$$H := \sum_{i=1}^{n} \left(\frac{x_i}{x}\right)^2 .$$

Es gilt $\frac{1}{n} \leq H \leq 1$. Die Extremwerte sind 1 bei vollständiger Konzentration $(1; 0; \ldots; 0)$ und $\frac{1}{n}$ bei keinerlei Konzentration $(\frac{x}{n}; \ldots; \frac{x}{n})$.

Beispiel

Gegeben sind $n = 8$ Einkommenswerte (2300; 2500; 1900; 1800; 3400; 2700; 2900; 2100). Die Gesamtmerkmalssumme ist $x = 19600$. Der Herfindahl-Index ist $H = \frac{2300}{19600}^2 + \frac{2500}{19600}^2 + \frac{1900}{19600}^2 + \frac{1800}{19600}^2 + \frac{3400}{19600}^2 + \frac{2700}{19600}^2 + \frac{2900}{19600}^2 + \frac{2100}{19600}^2 \approx 0{,}13031$. Dieser liegt nur gering über dem Minimalwert von $\frac{1}{8} = 0{,}125$. Somit liegt nur eine sehr geringe Konzentration der Einkommen vor.

Konzentrationsmaß von Lorenz/Münzner

Das Konzentrationsmaß von Lorenz/Münzner ist ein Maß für die relative Konzentration und eignet sich bei ungruppierten beziehungsweise bei nicht-klassifizierten, nicht-negative Daten einer Urliste $(x_i)_{1 \leq i \leq n}$. Zunächst werden die Werte aufsteigend der Größe nach geordnet: $\left(x_{(i)}\right)_{1 \leq i \leq n}$. Es werden die kumulierten Merkmalsbeträge $\sum_{i=1}^{j} x_{(i)}$ einschließlich der Gesamtmerkmalssumme $x := \sum_{i=1}^{n} x_{(i)} > 0$ bestimmt sowie die Größe $c := \frac{1}{x} \sum_{j=1}^{n} \sum_{i=1}^{j} x_{(i)} = \frac{1}{x} \sum_{i=1}^{n} (n + 1 - i) x_{(i)}$. Das Konzentrationsmaß von Lorenz/Münzner L ist für $x_{(1)} \leq x_{(2)} \leq \ldots \leq x_{(n)}$ definiert durch

$$c := \frac{\sum_{i=1}^{n}(n+1-i)x_{(i)}}{x}, L := \frac{n+1-2c}{n-1}.$$

Es gilt $0 \leq L \leq 1$ mit keinerlei Konzentration bei 0 und vollständiger Konzentration bei 1.

Beispiel

Die folgenden $n = 8$ Einkommenswerte sind bereits der Größe nach geordnet: $1800 < 1900 < 2100 < 2300 < 2500 < 2700 < 2900 < 3400$. Die Gesamtmerkmalssumme ist $x = 19600$. Die Summe aller kumulierten Teilsummen ist $1800 + 3700 + \ldots + 19600 = 79100$, folglich ist $c = \frac{79100}{19600} \approx 4{,}0357$ und damit ist das Konzentrationsmaß von Lorenz/Münzner $L = \frac{8+1-2\cdot 4{,}0357}{8-1} = \frac{0{,}9286}{7} = 0{,}13266$, was wiederum für eine sehr geringe Konzentration spricht.

Lorenzkurve

Die Lozenzkurve ist eine grafische Darstellung der relativen Konzentration und eignet sich gleichermaßen für ungruppiertes, gruppiertes oder klassifiziertes Datenmaterial. Sie gibt an, welcher kumulierte Anteil u_j der n Merkmalsträger über welchen kumulierten Anteil v_j am Gesamtmerkmalsbetrag verfügt. Vorgehensweise:

$x_{(1)} < x_{(2)} < \ldots < x_{(m)}$	sortierte Merkmalswerte,
$n_1, n_2, \ldots, n_m$	zugehörige Häufigkeiten,
$N_j := \sum_{k=1}^{j} n_k$	kumulierte Häufigkeiten,

$X_j := \sum_{k=1}^{j} n_k x_{(k)}$ kumulierte Merkmalswerte,

$x := X_m$ Gesamtmerkmalsbetrag,

$(u_j; v_j) := \left(\frac{N_j}{n}; \frac{X_j}{x}\right)$ Lorenzpunkte für $0 \leq j \leq m$.

Die Lorenzpunkte werden in ein Koordinatensystem der Länge und Höhe Eins eingetragen und sukzessive linear, also mit Geradenstücken miteinander verbunden, beginnend beim Punkt $(0; 0)$ bis zum Punkt $(1; 1)$. Man erhält damit eine Kurve der folgenden Art:

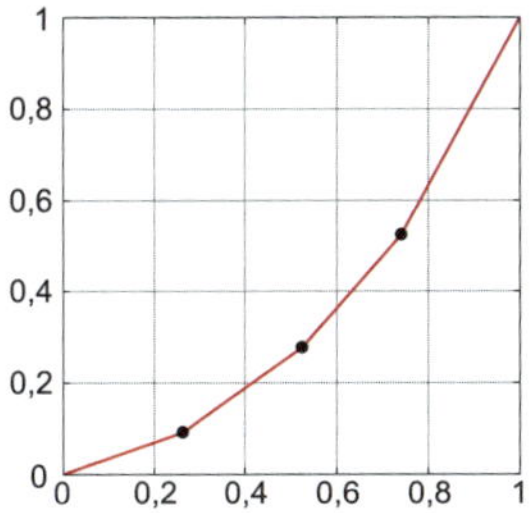

Eigenschaften der Lorenzkurve

- Die Lorenzkurve verläuft auf oder stets unterhalb der Diagonalen.
- Die Steigung der Geradenstücke ist nicht negativ.
- Die Steigungen der Geradenstücke nehmen von links nach rechts nicht ab.
- Je weiter die Lorenzkurve weg von der Diagonalen verläuft, also „durchhängt", desto größer ist die relative Konzentration.

- Keine Konzentration, d.h. Gleichverteilung, liegt vor, wenn die Diagonale die Lorenzkurve ist.
- Eine Verteilung ist konzentrierter als eine andere, wenn ihre Lorenzkurve im gesamten Bereich stets unterhalb der Lorenzkurve der anderen Verteilung verläuft.

Beispiel

Ein Vermögen von 10.000 € wird auf fünf Personen aufgeteilt: drei Personen bekommen jeweils 1000 €, eine Person erhält 2000 € und eine Person 5000 €. Als Lorenzpunkte erhält man (0; 0), $\left(\frac{3}{5}; \frac{3 \cdot 1000}{10000}\right) = (0{,}6; 0{,}3)$, $\left(\frac{4}{5}; \frac{3 \cdot 1000 + 1 \cdot 2000}{10000}\right) = (0{,}8; 0{,}5)$, $\left(\frac{5}{5}; \frac{3 \cdot 1000 + 1 \cdot 2000 + 1 \cdot 5000}{10000}\right) = (1; 1)$. Die zugehörige Grafik für dieses Beispiel ist auf Seite 31 abgebildet. Sie weicht von der Diagonalen ab, die den Fall von keinerlei Konzentration repräsentiert. Damit ist ein mittleres Maß an Konzentration zu verzeichnen. Diese erkennt man beispielsweise an der Tatsache, dass vier von fünf Personen (das sind 80%) zusammen „nur" über die Hälfte des Vermögens (5000 €) verfügen und eine allein die andere Hälfte besitzt.

Bei klassifizierten Häufigkeitsverteilungen ist statt x_j der jeweilige Klassenmittelpunkt x_j' approximativ zu verwenden.

Lorenzkoeffizient

Der Lorenzkoeffizient LK ist ein Maß für die relative Konzentration und ist abgeleitet aus der Lorenzkurve. Er misst das Ausmaß des „Durchhängens" der Lorenzkurve, besser: die Abweichung der Lorenzkurve von der Gleichverteilungsdiagonalen. Dazu setzt er die Fläche zwischen Diagonale und Lorenzkurve, die sogenannte Lorenzfläche LF, ins Verhältnis zur Gesamtfläche 0,5 unterhalb der Diagonalen: LK $:= \frac{\text{LF}}{0{,}5} = 2\text{LF}$. Der Lorenzkoeffizient lässt sich aus den Lorenzpunkten $(u_j, v_j)_{0 \leq j \leq m}$ wie folgt berechnen:

$$\text{LK} := 1 - \sum_{j=1}^{m}(u_j - u_{j-1})(v_j + v_{j-1}),\ 0 \leq \text{LK} \leq \tfrac{n-1}{n}.$$

Liegt keine Konzentration vor, so verläuft die Lorenzkurve identisch mit der Diagonalen, die Lorenzfläche und damit auch der Lorenzkoeffizient sind gleich Null. Je größer aber die Konzentration ist, desto größer wird auch die Lorenzfläche, wobei jedoch stets LF $< 0{,}5$ gilt.

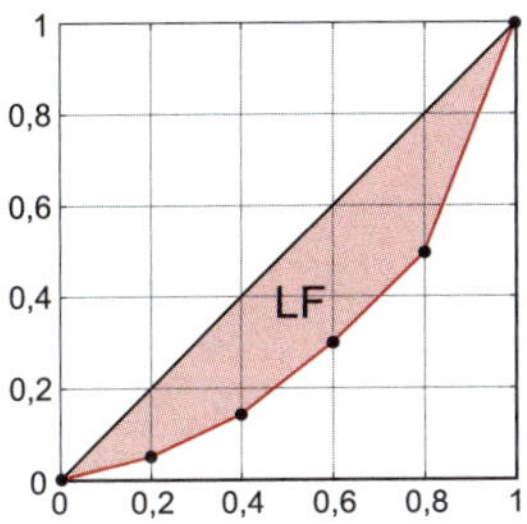

Beispiel

In Fortsetzung des Beispiels von Seite 32 wird das Vermögen von 10.000 € wieder auf fünf Personen aufgeteilt: drei Personen bekommen jeweils 1000 € eine Person erhält 2000 € und eine Person 5000 €. Aus den Lorenzpunkten $(u_0; v_0) = (0; 0)$, $(u_1; v_1) = (0{,}6; 0{,}3)$, $(u_2; v_2) = (0{,}8; 0{,}5)$, $(u_3; v_3) = (1{,}0; 1{,}0)$ erhält man die Lorenzfläche LF $= 0{,}5 - 0{,}5((0{,}6 \cdot 0{,}3) + (0{,}2 \cdot 0{,}8) + (0{,}2 \cdot 1{,}5)) = 0{,}18$. Der Lorenzkoeffizient LK hat dann den Wert 0,36 und zeigt eine mittlere Konzentration an.

Gains-Chart

Eine Variante der Lorenzkurve wird für ein Gains-Chart verwendet. Statt des Anteils $v_j = \frac{X_j}{x}$ am Gesamtvolumen einer Teilpopulation wird hier der Anteil an einer vorgegebenen Zielmenge, einer Teilmenge der Gesamtpopulation verwendet. Die Individuen werden dafür nach einem Scorewert sortiert. Die Sortierung erfolgt absteigend beginnend mit dem größten Wert und nicht umgekehrt.

Als Scorewert wird beispielsweise ein von einem Data-Mining-Verfahren ermittelter numerischer Wert verwendet, der eine Aussage darüber macht, mit welcher Chance (Konfidenz) das Individuum zur Zielgruppe gehört. Beim Gains-Chart wird also jedem Anteil einer Population der Anteil einer Zielgruppe gegenübergestellt, den man bei einer nach Score optimierten Auswahl erreicht. Durch die Änderung auf eine absteigende Reihenfolge sind die ermittelten Kurven konkav statt konvex wie bei der Lorenzkurve.

Bei einer zufälligen Auswahl ohne optimierende Scorewerte verläuft das Gains-Chart als Diagonale im Koordinatensystem. Je weiter das Gains-Chart von dieser Diagonalen entfernt verläuft, umso größer ist bei gegebener Selektionsmenge der erreichte Zielgruppenanteil und umso besser ist das Scoringverfahren. Die maximale Abweichung nach oben ist allerdings durch den Anteil der Zielgruppe in der Population beschränkt. Sie bestimmt einen optimalen Verlauf. Je näher man mit dem Gains-Chart diesem optimalen Verlauf kommt, umso „trennschärfer" ist ein zugrundeliegendes Scoringverfahren.

Beispiel

Ein Einsatzgebiet ist das Direktmarketing. Es wird ein Scorewert für bestimmte Ereignisse wie Kauf, Kündigung, Stornierung oder Reaktion gebildet. Angenommen, der gesamte Bestand umfasst 10.000 Personen. Der Anteil einer Zielgruppe – z.B. Käufer eines bestimmten Produkts – daran beträgt 5% (= 500). Wählt man aus dem Bestand zufällig 20% (= 2000) aus, wird man damit auch nur 20% der Zielgruppe selektieren (= 100). Werden jedoch 20% nach Scorewert optimiert ausgewählt, trifft man hier ca. 80% der Zielgruppe (= 400), also viermal so viel als bei unoptimierter Auswahl. Die optimale Auswahl hätte man erreicht, wenn bei einer optimierten Selektion von 5% gerade alle Personen der Zielgruppe enthalten sein würden (Eckpunkt (5%; 100%) der rose Fläche).

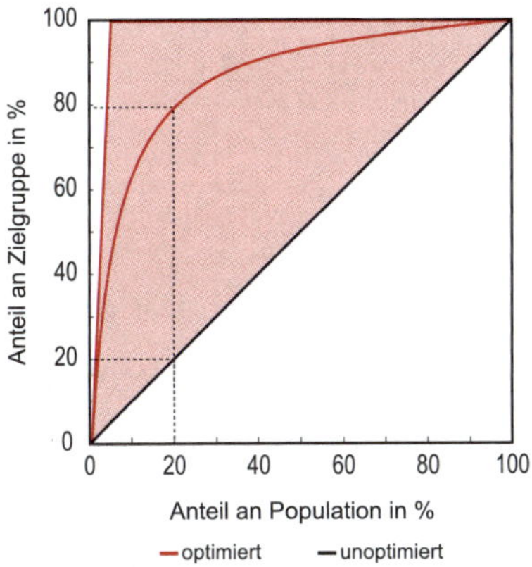

Zeitreihen und Indexzahlen

Gliederungszahlen, Messziffern, Wachstumsraten

Liegt eine zeitlich geordnete Reihe von Merkmalswerten $(x_t)_{0 \leq t \leq T}$ mit t, $T \in \mathbb{N}, x_t > 0$ vor, die sich auf verschiedene Zeitpunkte oder Zeiträume beziehen, so nennt man das Zeitreihe. Den Quotienten y_t aus zwei aufeinanderfolgenden Zeitreihenwerten nennt man Gliederungszahl. Sie bringt die Veränderung zwischen zwei aufeinanderfolgenden Werten zum Ausdruck und stellte damit den Wachstumsfaktor dar:

$$y_t := \frac{x_t}{x_{t-1}}, 1 \leq t \leq T.$$

Mit

$$w_t := y_t - 1 = \frac{x_t - x_{t-1}}{x_{t-1}}, 1 \leq t \leq T$$

ist die Wachstumsrate definiert ist. Das geometrische Mittel $\mu_g(y) = \left(\prod_{t=1}^{T} y_t\right)^{\frac{1}{T}} = \left(\frac{x_T}{x_0}\right)^{\frac{1}{T}}$ der Wachstumsfaktoren liefert den durchschnittlichen Wachstumsfaktor in den T Zeitperioden. Bezieht man den Wert eines Merkmals zum Zeitpunkt t auf den Wert des Merkmals zum Basiszeitpunkt $t = 0$, so liegt eine Messziffer vor. Sie beschreibt die Veränderung eines Zeitreihenwertes zwischen einer Berichtsperiode t und einer Basisperiode 0, formal:

$$\left(\frac{x_t}{x_0}\right)_{1 \leq t \leq T}.$$

Mit Hilfe dieser Messziffernfolge lässt sich die zeitliche Entwicklung eines Merkmals besser erkennen. Durch Multiplikation der Messziffer mit dem Wert 100, erhält man direkt die prozentualen Veränderungen.

Beispiel

Es liegen für das Merkmal „Heizölpreis" acht Jahreswerte vor. Als Basisjahr für die Messziffer wird 2001 verwendet.

Jahr	Heizöl-preis	Mess-ziffer	Gliederungs-zahl	Wachstums-rate in %
2001	42,0	100,0		
2002	33,5	79,8	79,8	-20,2
2003	39,0	92,9	116,4	16,4
2004	36,0	85,7	92,3	-7,7
2005	44,0	104,8	122,2	22,2
2006	58,0	138,1	131,8	31,8
2007	53,5	127,4	92,2	-7,8
2008	72,0	171,4	134,6	34,6

Der Heizölpreis liegt beispielsweise im Jahr 2006 bei 58 € und damit um 16 € über dem Preis im Basisjahr 2001. Heizöl ist damit um 38,1% – Differenz der Messziffern 138,1-100 – teurer geworden. Im Vergleich zum Vorjahrespreis von 44 € ist das eine Steigerung von 31,8% – Gliederungszahl im Jahr 2006.

Umbasierung und Verkettung

Umbasierung

Eine als Messziffernreihe vorliegende Zeitreihe kann durch Umbasierung in eine Reihe mit neuer Basisperiode überführt werden. Über eine einfache Dreisatzrechnung lassen sich die Werte der neuen Reihe leicht ermitteln.

Beispiel

Die Messziffernreihe „Heizölpreis" mit Basisjahr 2001 soll umbasiert werden auf ein neues Basisjahr 2005.

Jahr	Heizöl-preis	Messziffer 2001≙100	Messziffer 2005≙100
2001	42,0	100,0	95,4
2002	33,5	79,8	76,1
2003	39,0	92,9	88,6
2004	36,0	85,7	81,8
2005	44,0	104,8	100,0
2006	58,0	138,1	131,8
2007	53,5	127,4	121,6
2008	72,0	171,4	163,5

Das Verhältnis zwischen den Messziffern x'_t mit neuer und x_t mit alter Basis wird festgelegt zum Zeitpunkt der neuen Basis, hier das Jahr 2005. Es beträgt hier $\frac{100}{104{,}8}$. Dieses Verhältnis zwischen neuer und alter Reihe muss nun für alle Zeitperioden gelten, z.B. auch für das Jahr 2004: $\frac{100}{104{,}8} = \frac{x'_{2004}}{85{,}7}$. Daraus erhält man mit $x'_{2004} = \frac{100 \cdot 85{,}7}{104{,}8} = 81{,}8$ den Wert der neuen Reihe.

Verkettung

Bei der Verkettung werden zwei Messziffernreihen mit unterschiedlicher Basis, die sich aber auf denselben Sachverhalt beziehen, zu einer einzigen verknüpft. Voraussetzung für eine Verkettung ist, dass mindestens für eine Zeitperiode Messziffern aus beiden Zeitreihen vorliegen. Formal wird bei der Verkettung nichts anderes als eine Umbasierung vorgenommen.

Beispiel

Zwei Messziffernreihen mit unterschiedlichen Basen sollen verkettet werden, wobei die Reihe mit Basisjahr 2007 als neue Gesamtreihe gelten soll.

Jahr	Messziffer 2001≙100	Messziffer 2007≙100	Verkettung 2007≙100
2001	100,0		83,5
2002	79,8		66,6
2003	92,9		77,6
2004	85,7		71,6
2005	104,8	87,5	87,5
2006		92,1	92,1
2007		100,0	100,0
2008		108,8	108,8

Preisindex

Ein Index dient dazu, mehrere Einzeldaten pro Zeitperiode zu einer Gesamtmessziffer zusammenzufassen. Insbesondere Preisindizes sind von großer praktischer Bedeutung. Sie fassen die Preise $p_{t,i}$ von n Gütern eines sogenannten Warenkorbs zu Zeitpunkten t zu einer Kennziffer zusammen, die die zeitliche Entwicklung beschreibt.

Allgemein lässt sich ein Preisindex für die Berichtsperiode t zur Basisperiode 0 für einen Warenkorb mit n Gütern als gewichtetes arithmetisches Mittel aus n Preismessziffern darstellen. Je Gut i wird sein Preis $p_{t,i}$ in der Berichtsperiode t mit seinem Preis $p_{0,i}$ in der Berichtsperiode 0 ins Verhältnis gesetzt. Diese Verhältniszahl wird mit w_i gewichtet. Die Gewichte dienen dazu, die unterschiedliche Bedeutung einzelner Güter im Preisindex festzulegen. Hierbei spielen auch die Mengen der

Güter m_i, $(1 \leq i \leq n)$ eine große Rolle. Insgesamt erhält man dann $P_{0,t} := \sum_{i=1}^{n} w_i \frac{p_{t,i}}{p_{0,i}}$. Je nach Wahl von w_i erhält man unterschiedliche Preisindizes.

Preisindex nach Laspeyres

Wählt man für das Gewicht w_i den Umsatzanteil, den das Gut i am Gesamtumsatz aller Güter in der Basisperiode 0 hat, also $w_i := \frac{p_{0,i} m_{0,i}}{\sum_{j=1}^{n} p_{0,j} m_{0,j}}$, so resultiert daraus der Preisindex nach Laspeyres mit

$$P_{L,t} := \frac{\left(\frac{\sum_{i=1}^{n} p_{t,i} m_{0,i}}{\sum_{i=1}^{m} m_{0,i}}\right)}{\left(\frac{\sum_{i=1}^{n} p_{0,i} m_{0,i}}{\sum_{i=1}^{m} m_{0,i}}\right)} = \frac{\sum_{i=1}^{n} p_{t,i} m_{0,i}}{\sum_{i=1}^{n} p_{0,i} m_{0,i}}.$$

Verglichen wird hier der Umsatz aller Güter in der Basisperiode 0 mit dem Umsatz, der in der Berichtsperiode t mit denselben Mengen wie in der Basisperiode erzielt wird. Es wird also in Berichts- und Basisperiode mit denselben Gütermengen gerechnet.

Preisindex nach Paasche

Wählt man für das Gewicht w_i den hypothetischen Umsatzanteil des Gutes i am Gesamtumsatz aller Güter in der Berichtsperiode t, also $w_i := \frac{p_{0,i} m_{t,i}}{\sum_{j=1}^{n} p_{0,j} m_{t,j}}$ so resultiert daraus der Preisindex nach Paasche mit

$$P_{P,t} := \frac{\sum_{i=1}^{n} p_{t,i} m_{t,i}}{\sum_{i=1}^{n} p_{0,i} m_{t,i}}.$$

Verglichen wird hier der Umsatz aller Güter in der Berichtsperiode t mit dem Umsatz, den man mit denselben Mengen aus t in der Basisperiode erzielt hätte. In der

Berichts- und Basisperiode wird also stets mit den Mengen der jeweiligen Berichtsperiode gerechnet.

Beispiel

Es liegen Preise und Mengen dreier Güter eines Warenkorbes zu drei verschiedenen Zeitperioden vor:

	Periode 0		Periode 1		Periode 2	
	Preis	Menge	Preis	Menge	Preis	Menge
Gut 1	2	120	3	130	4	125
Gut 2	10	56	11	60	12	62
Gut 3	30	4	35	3	38	2

Für die Berichtsperiode 1 mit Basisperiode 0 ergibt sich beispielsweise für den Preisindex nach Laspeyres der Wert $P_{L,1} = \frac{3 \cdot 120 + 11 \cdot 56 + 35 \cdot 4}{2 \cdot 120 + 10 \cdot 56 + 30 \cdot 4}$ $\approx 121{,}30$, während man für den Preisindex nach Paasche den Wert $P_{L,1} = \frac{3 \cdot 130 + 11 \cdot 60 + 35 \cdot 3}{2 \cdot 130 + 10 \cdot 60 + 30 \cdot 3} \approx 121{,}58$, erhält. Aufgrund der unterschiedlichen Mengen in Periode 1 und 0 mit unterschiedlichen Gewichtungsfaktoren ergeben sich leicht unterschiedliche Werte.

Die Indizes nach Laspeyres und Paasche führen jeweils zu unterschiedlichen Werten, wenn sich neben Preis- auch Mengenänderungen zwischen den Zeitperioden ergeben haben. Da der Laspeyres-Index stets mit den Mengen der Basisperiode, der Paasche-Index dagegen stets mit den Mengen der Berichtsperiode rechnet, beinhaltet der Paasche-Index anders als der Laspeyres-Index nicht nur Preis-, sondern zusätzlich auch Mengenänderungen. Da ein Preisindex aber eigentlich nur Preisänderungen widerspiegeln sollte und zudem beim Paasche-Index nicht nur Preise, sondern eben auch Mengen in jeder Berichtsperiode immer aktuell erhoben werden müssen, wird in der amtlichen Statistik dem Laspeyres-Preisindex der Vorzug gegeben. Um sicher zu gehen, dass der Warenkorb der Basisperiode mit seinen Gütern und Verbrauchsmengen im Laufe der Zeit nicht zu sehr veraltet, wird dieser in regelmäßigen Abständen aktualisiert.

Mengenindex

Soll die Entwicklung der Mengen von Gütern in einer mittleren Messziffer zusammengefasst dargestellt werden, wird ein Mengenindex gebildet. Die Vorgehensweise ist analog zu der bei den Preisindizes, indem man die Rollen der Preise p_i und Mengen m_i vertauscht. Es lassen sich daher auch Mengenindizes nach Laspeyres und Paasche angeben:

$$M_{L,t} := \frac{\sum_{i=1}^{n} m_{t,i} p_{0,i}}{\sum_{i=1}^{n} m_{0,i} p_{0,i}}, \; M_{P,t} := \frac{\sum_{i=1}^{n} m_{t,i} p_{t,i}}{\sum_{i=1}^{n} m_{0,i} p_{t,i}}.$$

Wertindex

Der Wert- oder Umsatzindex entspricht einfach der Umsatzmesszahl der Periode t, bezogen auf die Umsatzmesszahl der Periode 0:

$$W_t := \frac{\sum_{i=1}^{n} m_{t,i} p_{t,i}}{\sum_{i=1}^{n} m_{0,i} p_{0,i}}.$$

Hier gibt es somit keine Unterscheidung nach speziellen Indexformeln nach Laspeyres oder Paasche oder Mischformen. Es gilt $P_{L,t} \cdot M_{P,t} = W_t = P_{P,t} \cdot M_{L,t}$.

Regression und Korrelation

Die Verteilung eines Merkmals lässt sich mit Hilfe deskriptiver Kennzahlen, Tabellen oder grafischer Darstellungen beschreiben. Dabei bleibt die Frage unbeantwortet, warum die Daten derart verteilt sind. Die gemeinsame Betrachtung des Merkmals zusammen mit anderen kann hier unter Umständen weiter helfen. Der einfachste Fall ist die bivariate Betrachtung. Es werden zwei Merkmale gemeinsam betrachtet und ausgewertet. Dabei lassen sich zwei Methoden unterscheiden: die Regressionsrechnung für den funktionalen Zusammenhang und die Korrelationsrechnung zur Quantifizierung der Stärke des Zusammenhangs.

Regressionsrechnung

Die Regressionsrechnung untersucht die funktionale Abhängigkeit einer sogenannten endogenen – oder abhängigen – Variablen Y von einer exogenen – oder unabhängigen Variablen X. Die Variable Y wird in diesem Kontext auch als Regressand, die Variable X wird als Regressor bezeichnet. Ausgangspunkt sind Beobachtungswerte der endogenen und der exogenen Variablen sowie eine vorgegebene Klasse von Funktionen, gegeben als parameterabhängige Funktionenschar. Die betrachteten Merkmale müssen metrisch sein und werden meist in einem Streudiagramm – auch Punktewolke – dargestellt. Oft lässt dieses einen passenden Funktionstyp erkennen, ohne dass ein solcher zwingend abgeleitet werden kann. Günstig ist es, wenn aus dem Modellierungskontext vernünftige Annahmen in dieser Hinsicht getroffen werden können.

Ziel ist es nun, aus der gegebenen Funktionenschar eine mathematische Funktion zu finden, welche den im Streudiagramm veranschaulichten Zusammenhang beider Variablen bestmöglich in einem noch zu präzisierenden Sinne wiedergibt. Eine solche Funktion wird Regressionsfunktion genannt und mit

$$\widehat{Y}$$

bezeichnet. Sie beschreibt die „Tendenz" des Zusammenhangs und kann auch durch Einsetzung und Auswerten von neuen Werten der unabhängigen Variablen zu Prognosen über die abhängigen Variablen genutzt werden. $\widehat{Y}$ wird als der theoretische Wert der endogenen Variablen Y bezeichnet. Die Differenz $Y - \widehat{Y}$ wird als zufälliger Störfaktor interpretiert. Die Störgröße erfasst alle anderen Einflüsse – seien es nicht berücksichtigte Variablen oder Zufallseinflüsse, die neben X auf Y einwirken. Ihre Werte heißen Residuen.

Lineare und polynomiale Funktionen

In vielen Fällen wird man als Regressionsfunktion eine lineare Funktion

$$\widehat{Y} := a + bX, a, b \in \mathbb{R},$$

als den einfachsten Funktionstyp wählen. Da sie nur von einer Größe X abhängig ist, spricht man auch von einer Einfachregression, hier speziell von einer linearen Einfachregression. Neben diesem linearen Ansatz werden auch nichtlineare, beispielsweise polynomiale Regressionsfunktionen zweiten oder höheren Grades betrachtet:

$$\widehat{Y} := \sum_{i=0}^{d} b_i X^i, \; b_i \in \mathbb{R}.$$

Die Regressionsfunktion hängt hier von den $d-1$ nicht-konstanten Regressoren X^i in nicht-linearer Weise ab. Allgemein gilt, je höher man den Polynomgrad d wählt, umso exakter kann man den tatsächlichen Zusammenhang funktional nachbilden. Allerdings werden Schätzungen und Prognosen, die man auf Grundlage des beschriebenen Zusammenhangs zwischen Regressand und Regressor vornimmt und die sich auf unbekannte Werte außerhalb des betrachteten Wertespektrums beziehen, immer unzuverlässiger – Überanpassung oder englisch Overfitting. Mögliche Verläufe für $d = 1, 2, 3$, d.h. linear, quadratisch und kubisch, sind in den drei Grafiken dargestellt.

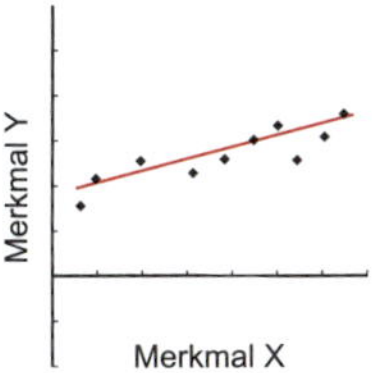

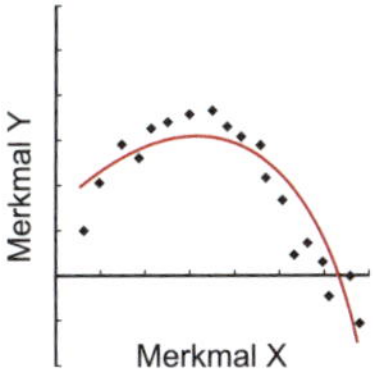

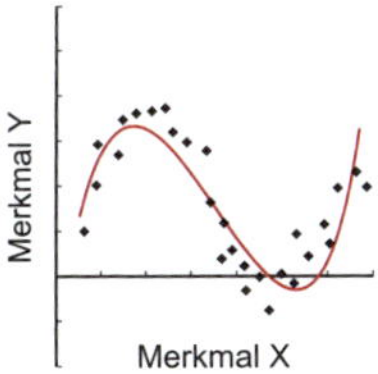

Methode der kleinsten Quadrate

Ziel ist es, aus der vorgegebenen Funktionsklasse eine Funktion $\widehat{y}$ zu finden, die „optimal" in der Punktewolke der n Wertepaare $(x_i; y_i)_{1 \leq i \leq n}$ liegt, also den Trendverlauf optimal wiedergibt. Absolut passend wäre es, wenn die beiden Vektoren $y := (y_i)_{1 \leq i \leq n} \in \mathbb{R}^n$ und $\widehat{y}(x) := (\widehat{y}(x_i))_{1 \leq i \leq n} \in$

$\mathbb{R}^n$ gleich wären – ein im Allgemeinen unrealistisches Ziel wegen der zufälligen Störeinflüsse. Aus diesem Grund sucht man diejenige Funktion $\widehat{y}$, für die die Abweichung zwischen vorgegebenem y und theoretischem $\widehat{y}(x)$ kleinstmöglich ist. Hier bietet sich der sogenannte euklidische Abstand als Maß an, der die Quadrate der Abstände, d.h. der Residuen $y_i - \widehat{y}(x_i)$, aufsummiert. Die danach zu ziehende Quadratwurzel kann hier weggelassen werden, da sie keinen Einfluss auf das Optimum besitzt. Durch die Quadratbildung wird auch vermieden, dass sich positive und negative Abweichungen gegenseitig aufheben. Die Methode der kleinsten Quadrate minimiert nun also die Quadratsumme

$$QS := \sum_{i=1}^{n}(y_i - \widehat{y}(x_i))^2,$$

die als Funktion der Koeffizienten b_i der Regressoren interpretiert wird. Das Minimalproblem wird mit üblichen Techniken der Kurvendiskussion aus der Analysis gelöst. Mit den Abkürzungen

$$\overline{x} := \frac{1}{n}\sum_{i=1}^{n} x_i, \overline{y} := \frac{1}{n}\sum_{i=1}^{n} y_i, \overline{xx} := \frac{1}{n}\sum_{i=1}^{n} x_i^2, \overline{xy} := \frac{1}{n}\sum_{i=1}^{n} x_i y_i$$

für diese Mittelwerte ergeben sich für den wichtigsten Fall einer Regressionsgeraden $a + bX$ die folgenden Lösungsformeln für die Parameter a und b.

$$b = \frac{\overline{xy} - \overline{x} \cdot \overline{y}}{\overline{xx} - \overline{x} \cdot \overline{x}}, \quad a = \overline{y} - b \cdot \overline{x}$$

Steigungskoeffizient: $b = \mathtt{STEIGUNG}(y_1 : y_n;\ x_1 : x_n)$

Absolutglied: a = ACHSENABSCHNITT($y_1 : y_n$; $x_1 : x_n$)

Geschätzter Regressandenwert: $\hat{Y}(x_i)$ = SCHÄTZER(x; $y_1 : y_n$; $x_1 : x_n$)

Beispiel

Für das Einkommen der privaten Haushalte und den privaten Verbrauch liegen die folgenden 13 Werte als Wachstumsquoten vor:

Einkommen	6,91	7,79	3,22	0,69	4,02	7,48	9,30
Verbrauch	5,24	6,01	3,68	0,91	3,76	7,66	7,04
Einkommen	5,61	4,70	2,69	2,71	3,44	0,27	
Verbrauch	5,60	4,11	2,72	0,22	2,23	3,38	

Es wird vermutet, der private Verbrauch Y hänge linear ab vom Einkommen der privaten Haushalte X. Ein Streudiagramm zeigt den Zusammenhang:

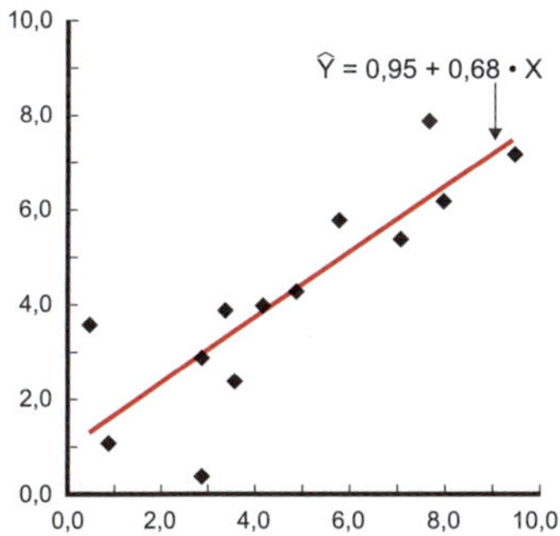

Die Koeffizienten der optimalen Regressionsgeraden $\widehat{Y} = a + bX$ erhält man nach der Methode der kleinsten Quadrate wie folgt: $b = \frac{300{,}62 - 13 \cdot 4{,}53 \cdot 4{,}04}{357{,}93 - 13 \cdot 4{,}53^2} = 0{,}68$ und $a = 4{,}04 - 0{,}68 \cdot 4{,}53 = 0{,}95$. Damit ist mit $\widehat{Y} = 0{,}95 + 0{,}68 \cdot X$ die optimale Regressionsgerade gefunden.

In der allgemeinen Situation geht man davon aus, dass sich die vorgegebene Funktionenschar als Linearkombination $\sum_{i=0}^{d} b_i f_i$ mit $b_i \in \mathbb{R}$ der Regressoren $f_0; f_1; \ldots; f_d$ schreiben lässt.[7] Das Regressionsproblem wird dann wie folgt gelöst.

- Auswertung der Regressoren f_j an den vorgegebenen n Werten x_i:

$$A := (f_j(x_i))_{1 \leq i \leq n, 0 \leq j \leq d} \in \mathbb{R}^{n \times (d+1)}.$$

- Lösen des linearen Gleichungssystems

$$(A^t A)b = A^t y$$

  dieser sogenannten Normalengleichungen für die Regressionskoeffizienten $b := (b_j)_{0 \leq j \leq d} \in \mathbb{R}^{d+1}$. Mit A^t wird die transponierte Matrix bezeichnet.

Kovarianz

Ein Verallgemeinerung der Varianz eines Merkmals ist die Kovarianz, die gemeinsame Streuung zweier Merkmale:

$$\mathbb{COV}(X,Y) := \frac{1}{n}\sum_{i=1}^{n}(x_i - \overline{x})(y_i - \overline{y}) = \overline{xy} - \overline{x} \cdot \overline{y}$$

mit den Abkürzungen von Seite 46. Die Kovarianz ist ein erstes Maß für die Stärke eines linearen Zusammenhangs. Je nach Vorzeichen der Kovarianz heißen die Merkmale

[7] Die Funktionen $(f_0; f_1; \ldots; f_d)$ bilden eine $\mathbb{R}$-Basis des vorgegebenen Funktionenraums.

positiv oder negativ korreliert; ist sie 0, dann unkorreliert. Dieses Maß ist im Gegensatz zum Korrelationskoeffizient von Bravais-Pearson nicht normiert.

Kovarianz: $\mathbb{COV}(X,Y) = \texttt{KOVAR}(x_1 : x_n ;\ y_1 : y_n)$

Korrelationskoeffizient von Bravais-Pearson

Für metrische Merkmale X und Y existiert eine Kennzahl $r_{X,Y}$, die genau die Stärke des (linearen) Zusammenhangs zwischen zwei derartigen Merkmalen misst, der Korrelationskoeffizient von Bravais-Pearson. Er wird berechnet mit

$$r_{X,Y} := \frac{\mathbb{COV}(X,Y)}{\sqrt{\mathbb{V}(X)\mathbb{V}(Y)}} = \frac{\overline{xy} - \overline{x} \cdot \overline{y}}{\sqrt{\overline{xx} - \overline{x} \cdot \overline{x}} \cdot \sqrt{\overline{yy} - \overline{y} \cdot \overline{y}}}.$$

Der Korrelationskoeffizienten nach Bravais-Pearson kann nur Werte zwischen -1 und 1 annehmen, da die Cauchy-Schwarz'sche-Ungleichung

$$|\mathbb{COV}(X,Y)| \leq \sqrt{\mathbb{V}(X)}\sqrt{\mathbb{V}(Y)}$$

gilt. Gilt $r_{X,Y} = 1$ bzw. $r_{X,Y} = -1$, so liegt ein perfekter positiver bzw. negativer linearer Zusammenhang vor. Alle Beobachtungswerte würden in diesem Fall auf einer Regressionsgeraden mit positiver bzw. mit negativer Steigung liegen.

Der Korrelationskoeffizient stellt eine normierte Größe dar und zeigt das Ausmaß und die Richtung der Korrelation, also des linearen Zusammenhangs, an.

Bravais-Pearson-Korrelationskoeffizient:
$r_{X,Y}$ = PEARSON($x_1 : x_n$; $y_1 : y_n$)

Problem von Fehlinterpretationen

Bei der Interpretation der Ergebnisse von Regressions- bzw. Korrelationsrechnung und den Schlussfolgerungen, die man daraus ziehen mag, ist Vorsicht geboten. Oftmals können festgestellte Zusammenhänge auch über Drittvariablen erklärt werden, die jeweils eng mit den beiden betrachteten Merkmalen zusammenhängen und somit für die „scheinbare“ Beziehung verantwortlich sind. Man spricht dann von Scheinkorrelation!

Determinationskoeffizient

Der Determinationskoeffizient (auch Bestimmtheitsmaß genannt) gilt als Maß für die Güte der Anpassung einer linearen Regressionsfunktion an die Punktewolke zweier gemeinsam beobachteter Merkmale. Der Determinationskoeffizient ist dabei definiert als der quadrierte Korrelationskoeffizient nach Bravais/Pearson r^2. Sein Wertebereich liegt zwischen 0 und 1, wobei bei $r^2 = 1$ von einem perfekten linearen Zusammenhang zwischen Regressand und Regressor und bei $r^2 = 0$ von keinerlei linearem Zusammenhang gesprochen werden kann. Auch hier ist zu beachten, dass lediglich der lineare Zusammenhang gemessen wird. Etwaige nichtlineare Abhängigkeiten werden durch den Determinationskoeffizienten nicht erkannt. Der Determinationskoeffizient gibt an, welcher Anteil der

Varianz der abhängigen Variablen durch den linearen Zusammenhang mit dem Regressor, also durch den linearen Regressionsansatz, erklärt werden kann:

$$r^2 = \frac{\sum_{i=1}^{n}(\widehat{y}_i - \overline{y})^2}{\sum_{i=1}^{n}(y_i - \overline{y})^2}.$$

Determinationskoeffizient:
$r^2 =$ BESTIMMTSHEITMASS($y_1 : y_n$; $x_1 : x_n$)

Beispiel

Für die Regression des Verbrauchs Y der privaten Haushalte mit dem Einkommen X erhält man als Regressionsgerade $\widehat{y} = 0{,}95 + 0{,}68 \cdot x$. Daraus berechnen sich dann die $\widehat{y}_i$-Werte:

x_i	6,91	7,79	3,22	0,69	4,02	7,48	9,30
y_i	5,24	6,01	3,68	0,91	3,76	7,66	7,04
$\widehat{y}_i$	5,68	6,28	3,15	1,42	3,70	6,07	7,31
x_i	5,61	4,70	2,69	2,71	3,44	0,27	
y_i	5,60	4,11	2,72	0,22	2,23	3,38	
$\widehat{y}_i$	4,79	4,16	2,79	2,80	3,30	1,13	

Es folgen der Determinations- und der Korrelationskoeffizient mit: $r^2 = \frac{42{,}96}{59{,}92} = 0{,}72$ und $r = 0{,}85$. Durch die Regression mit dem Einkommen können somit 72% der Streuung des Verbrauchs durch das Einkommen als Regressor erklärt werden.

Rangkorrelation nach Spearman

Liegen lediglich zwei ordinalskalierte Merkmale X und Y vor, lässt sich die Korrelation zwischen diesen mit dem Rangkorrelationskoeffizienten nach Spearman r_{SP} erfassen. Dazu werden die n Werte von beiden Variablen der

Größe nach beginnend mit dem kleinsten angeordnet und ihnen die Rangzahlen 1 bis n zugeordnet, es sei denn, mehrere Werte sind gleich. In diesem Fall bekommen alle gleichen Werte statt der Ränge $i, i+1, \dots, j$ den mittleren Rang $\frac{i+j}{2}$ zugeordnet. Diese Ränge werden dann in der durch X und Y gegebenen Reihenfolge zu $\mathrm{rg}(X)$ bzw. $\mathrm{rg}(Y)$ zusammengefasst. Der Rangkorrelationskoeffizient entspricht dann dem Bravais/Pearson-Koeffizient von $\mathrm{rg}(X)$ und $\mathrm{rg}(Y)$, also gilt:

$$r_{SP} := r_{\mathrm{rg}(X),\mathrm{rg}(Y)} = \frac{\mathbb{COV}(\mathrm{rg}(X),\mathrm{rg}(Y))}{\sqrt{\mathbb{V}(\mathrm{rg}(X)) \cdot \mathbb{V}(\mathrm{rg}(X))}}.$$

Alternativ kann dieser Koeffizient r_{SP} auch wie folgt berechnet werden:

$$r_{SP} = 1 - \frac{6 \cdot \sum_{i=1}^{n} D_i^2}{n^3 - n}$$

mit $D_i = \mathrm{rg}(x_i) - \mathrm{rg}(y_i)$ als Differenz zwischen je zwei Rangplätzen.

Beispiel

Zwei Weintester bewerten $n = 8$ Weine und vergeben jeweils Bewertungen $(x_i)_{1 \leq i \leq 8}$ und $(y_i)_{1 \leq i \leq 8}$ von A (beste Wertung) bis F (schlechteste Wertung).

i	x_i	$\text{rg}(x_i)$	y_i	$\text{rg}(y_i)$	D_i	D_i^2
1	A	1,5	A	1	0,5	0,25
2	C	4	B	2,5	1,5	2,25
3	B	3	C	4	-1	1
4	A	1,5	B	2,5	-1	1
5	D	5	E	6	-1	1
6	E	6,5	F	7,5	-1	1
7	E	6,5	F	7,5	-1	1
8	F	8	D	5	3	9

Für den Rangkorrelationskoeffizienten erhält man $r_{SP} = 1 - \frac{6 \cdot 16{,}5}{8^3 - 8} = 0{,}80357$. Es zeigt sich eine starke Korrelation zwischen den Bewertungen der beiden Weintester.

Korrelationsmaßzahlen für nominale Variablen

Hat man nur nominalskalierte Merkmale vorliegen, kann zur Berechnung des statistischen Zusammenhangs auf die Maßzahlen Vierfelder-Koeffizient für dichotome Merkmale oder Kontingenzmaße zurückgegriffen werden.

Vierfelder-Koeffizient

Der Vierfelder-Koeffizient setzt voraus, dass zwei nominalskalierte Merkmale mit jeweils nur zwei Ausprägungen vorliegen, beispielsweise X mit den Ausprägungen x_1 und x_2 sowie Y mit den Ausprägungen y_1 und y_2. Für diese beiden Merkmale wird die gemeinsame Häufigkeitsverteilung (als absolute Häufigkeitstabelle) betrachtet. Man spricht von einer Vierfelder-Tafel.

	$Y = y_1$	$Y = y_2$	Summe
$X = x_1$	a	b	S_3
$X = x_2$	c	d	S_4
Summe	S_1	S_2	n

Der Vierfelder-Koeffizient wird dann wie folgt berechnet:

$$\phi = \frac{a \cdot d - b \cdot c}{\sqrt{S_1 \cdot S_2 \cdot S_3 \cdot S_4}}$$

mit $\phi \in [-1; 1]$. Das Vorzeichen spielt hier jedoch keine Rolle. Ein Wert nahe Null weist auf keinen Zusammenhang, Werte nahe -1 bzw. 1 auf einen starken Zusammenhang zwischen beiden Merkmalen hin.

Beispiel

Das Merkmal „Geschlecht“ mit den Ausprägungen „männlich“ und „weiblich“ und das Merkmal „Zustimmung zur Einführung eines generellen Tempolimits auf deutschen Autobahnen?“ mit den Ausprägungen „ja“ und „nein“ liegen vor. Befragt wurden $n = 178$ Personen, davon 88 Männer und 90 Frauen.

Tempolimit	männlich	weiblich	Summe
ja	16	64	80
nein	72	26	98
Summe	88	90	178

Es interessiert die Frage, wie stark der Zusammenhang zwischen den beiden Merkmalen, also dem Geschlecht und dem Antwortverhalten, ist. Mit anderen Worten, gibt es Unterschiede bei Zustimmung zwischen Männern und Frauen? Der Vierfelder-Koeffizient $\phi = \frac{16 \cdot 26 - 64 \cdot 72}{\sqrt{88 \cdot 90 \cdot 80 \cdot 98}} = -0{,}532$ zeigt einen mittelstarken statistischen Zusammenhang. Das Zustimmungsverhalten scheint somit durchaus vom Geschlecht beeinflusst zu werden.

Kontingenzmaße

Liegen keine zwei dichotome Merkmale vor, dann ist statt von einer Vierfeldertabelle von einer Kontingenztabellen auszugehen. Auch dafür ist in Verallgemeinerung des Vierfelder-Koeffizienten ein Kontingenzmaß definiert.

Beispielhaft sei eine Kontingenztabelle für zwei Merkmale, X und Y mit n Werten. Ohne Einschränkung seien die k verschiedenen Werte von X mit $x_1, \dots, x_k$ bezeichnet, die l verschiedenen Werte von Y mit $y_1, \dots, y_l$.

	y_1	y_2	...	y_l	Summe
x_1	$f_{1,1}$	$f_{1,2}$	...	$f_{1,l}$	$f_{1,\bullet}$
x_2	$f_{2,1}$	$f_{2,2}$	...	$f_{2,l}$	$f_{2,\bullet}$
...	...	...	...	...	...
x_k	$f_{k,1}$	$f_{k,2}$	...	$f_{k,l}$	$f_{k,\bullet}$
Summe	$f_{\bullet,1}$	$f_{\bullet,2}$	...	$f_{\bullet,l}$	n

Mit $f_{i,j}$ sind dabei die gemeinsamen und mit $f_{i,\bullet}$ bzw. $f_{\bullet,j}$ die jeweiligen Randhäufigkeiten, also die jeweiligen Zeilen- bzw. Spaltensummen bezeichnet. Zur Beurteilung eines möglichen Zusammenhangs wird nun untersucht, welche Werte zu erwarten wären, falls kein solcher bestünde. Die beobachteten Werte werden dann mit den theoretisch bei Unabhängigkeit zu erwartenden Häufigkeiten verglichen. Weichen diese stark voneinander ab, kann davon ausgegangen werden, dass keine Unabhängigkeit vorliegt und die Merkmale einen statistischen Zusammenhang aufweisen. Es wird dabei verwendet, dass zwei statistische Merkmale dann unabhängig sind, wenn für jedes Wertepaar $(x_i; y_j)$ gilt

$$e_{i,j} := \frac{f_{i,\bullet} \cdot f_{\bullet,j}}{n} = f_{i,j},$$

d.h. wenn die bei Unabhängigkeit erwartete theoretische Häufigkeit $e_{i,j}$ gleich der beobachteten $f_{i,j}$ ist. Die relativierten quadrierten Differenzen bilden die Kenngröße

$$U := \sum_{i=1}^{k} \sum_{j=1}^{l} \frac{(f_{i,j} - e_{i,j})^2}{e_{i,j}},$$

die als Chi-Quadrat-Koeffizient bezeichnet wird, siehe auch Seite 86. Gilt $U = 0$, dann sind die beiden Merkmale unabhängig voneinander, gilt $U > 0$, dann liegt ein statistischer Zusammenhang vor.

Da U bei großem n unter Umständen sehr große Werte annehmen kann, ist als Zusammenhangsmaß ein normiertes Maß vorzuziehen. Dieses ist der Kontingenzkoeffizient nach Pearson C, der als Weiterentwicklung des Chi-Quadrat-Koeffizienten anzusehen ist:

$$C := \sqrt{\frac{U}{U + n}}$$

mit $0 \leq C \leq C_{max} = 0{,}5 \cdot \left(\sqrt{\frac{k-1}{k}} + \sqrt{\frac{l-1}{l}} \right) < 1$. Um daraus ein Maß mit einem Wertebereich von 0 bis 1 zu erhalten, kann man C auf seinen Maximalwert beziehen und erhält dann den korrigierten Kontingenzkoeffizienten

$$C_t := \frac{C}{C_{max}} \in [0; 1].$$

Beispiel

Streben männliche und weibliche Jugendliche in dieselben Ausbildungsberufe? Befragt wurden $n = 1500$ Jugendliche, was zu folgenden beobachteten Häufigkeiten des Merkmals X – Geschlecht – mit den Ausprägungen männlich und weiblich und des Merkmals Y – Berufswahl bei Auszubildenden – mit Industrie und Handel, Handwerk und öffentlicher Dienst führt:

Berufswahl	männlich	weiblich	Summe
Industrie und Handel	470	361	813
Handwerk	485	130	615
Öffentlicher Dienst	17	37	54
Summe	972	528	1500

Für die bei Unabhängigkeit zu erwartenden Häufigkeiten erhält man:

Berufswahl	männlich	weiblich	Summe
Industrie und Handel	538,49	292,51	813
Handwerk	398,52	216,48	615
Öffentlicher Dienst	34,99	19,01	54
Summe	972	528	1500

Für den Chi-Quadrat-Koeffizienten erhält man dann: $U = \frac{(470-538{,}49)^2}{538{,}49} + \cdots + \frac{(37-19{,}01)^2}{19{,}01} \approx 104{,}34$ und den Kontingenzkoeffizient nach Pearson mit $C = \sqrt{\frac{104{,}34}{104{,}34+1500}} \approx 0{,}260$. Sein Maximalwert ist $C_{max} = 0{,}5 \cdot \left(\sqrt{\frac{3-1}{3}} + \sqrt{\frac{2-1}{2}}\right) \approx 0{,}76$, der korrigierte Kontingenzkoeffizient ist $C_t = \frac{0{,}26}{0{,}76} \approx 0{,}34$. Alle Maße deuten darauf hin, dass beide Merkmale einen Zusammenhang von mittlerer Stärke aufweisen. Die Berufswahl scheint somit nicht unabhängig vom Geschlecht zu sein.

Elementare Wahrscheinlichkeitstheorie – Zufallsvariablen

Wahrscheinlichkeitsbegriffe und Zufallsexperimente

Vorgänge irgendwelcher Art mit zufälligem Ausgang werden als Zufallsexperimente bezeichnet. Man gewinnt ein mathematisches Modell, wenn man die Menge Ω der direkt beobachtbaren Ereignisse beschreiben kann.

Beispiel: Würfel: $\Omega = \{1,2,3,4,5,6\}$.

Die Elemente von Ω heißen Elementarereignisse. Auch eine beliebige Teilmenge $E \subseteq \Omega$ kann als Ereignis betrachtet werden. Man sagt auch, dass ein Ereignis E ein Element der Potenzmenge ist: $E \in \mathfrak{P}(\Omega)$.

Beispiel: Würfel: $E = \{1,3,5\}$ = „ungerade Augenzahl".

Ein Ereignis E tritt bei einem Zufallsexperiment ein, wenn ein Elementarereignis $x \in E$ beobachtet wird. In der Wahrscheinlichkeitstheorie wird jedem Ereignis E eine Maßzahl $\mathbb{P}(E) \in [0; 1]$ zugeordnet werden, die den Anteil von Beobachtungen von E angibt, der bei einer sehr großen Anzahl von Wiederholungen des gleichen Experiments zu erwarten ist. Da es sich um Zufallsexperimente handelt, kann hier zu keinem Zeitpunkt eine exakte Vorhersage erwartet werden, sondern, es sind Grenzübergänge anzustellen.

Beispiel

Bei 120 Würfen eines Würfels können beispielsweise folgende Anzahlen und Anteile beobachtet werden:

$$(26;14;21;22;20;17) - (0{,}217;0{,}117;0{,}175;0{,}183;0{,}167;0{,}142).$$

Bei 1200 Würfen ist das dann vielleicht so:

$$(198;202;191;190;206;213) - (0{,}165;0{,}168;0{,}159;0{,}158;0{,}172;0{,}178).$$

Der erwartete Wert ist natürlich immer $\frac{1}{6} \approx 0{,}167$.

Solche Überlegungen werden seit den 1930er Jahren durch den von Kolmogorov eingeführten axiomatischen Aufbau der Wahrscheinlichkeitstheorie auf eine andere Basis gesetzt. Die Konvergenzüberlegungen folgen dann aus den Axiomen als Gesetz der großen Zahl, siehe dazu Seite 90.

Axiome der Wahrscheinlichkeitstheorie

Sei Ω	eine (endliche) Menge von Elementarereignissen,
$\mathfrak{P}(\Omega)$	die Potenzmenge von Ω, die Menge der Ereignisse $E \subseteq \Omega$,
$\mathbb{P} : \mathfrak{P}(\Omega) \to [0;1]$	eine Abbildung, die jedem Ereignis E eine Zahl zuordnet.
$(\Omega, \mathfrak{P}(\Omega), \mathbb{P})$	heißt (endlicher) Wahrscheinlichkeitsraum, falls Folgendes gilt:

K1: $\mathbb{P}(\Omega) = 1$ und für $E, F \subseteq \Omega$
K2: $\mathbb{P}(E \cup F) = \mathbb{P}(E) + \mathbb{P}(F)$ für $E \cap F = \emptyset$

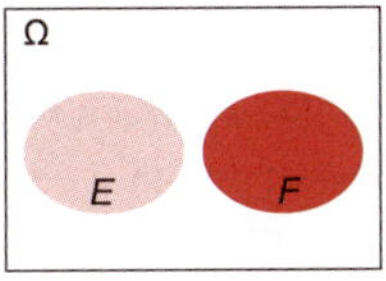

Daraus folgt unmittelbar

$\mathbb{P}(\emptyset) = 0$ unmögliches Ereignis,

$\mathbb{P}(\overline{E}) = 1 - \mathbb{P}(E)$ komplementäres Ereignis oder Gegenereignis,

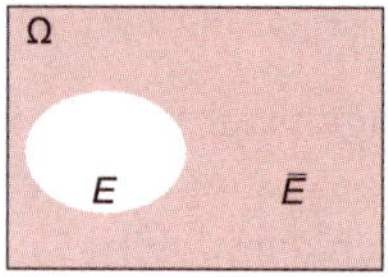

$\mathbb{P}(E \cup F) = \mathbb{P}(E) + \mathbb{P}(F) - \mathbb{P}(E \cap F)$, $E,F \subseteq \Omega$ allgemeiner Additionssatz.

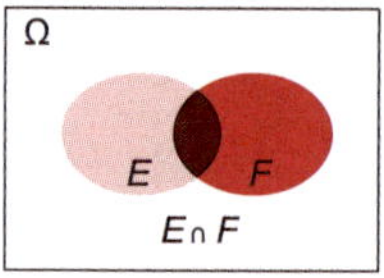

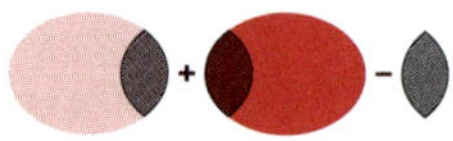

Ein wichtiges Beispiel ist der Laplace'sche Wahrscheinlichkeitsraum: $(\Omega, \mathfrak{P}(\Omega), \mathbb{P})$, Ω endlich, mit

$$\mathbb{P}(E) = \frac{|E|}{|\Omega|}$$

für $E \in \mathfrak{P}(\Omega)$.

Beispiele

- Münzwurf: $\Omega = \{0,1\}$.
- Würfel: $\Omega = \{1,2,3,4,5,6\}$.
- Roulette: $\Omega = \{0,1,2,\ldots,35,36\}$.

Zwei Ereignisse $E, F \in \mathfrak{P}(\Omega)$ heißen (stochastisch) unabhängig, falls $\mathbb{P}(E \cap F) = \mathbb{P}(E) \cdot \mathbb{P}(F)$ gilt.

Beispiel Würfel mit $E :=$ „ungerade Augenzahl".

- E und $F :=$ „Augenzahl kleiner oder gleich 4" sind unabhängig, da $\mathbb{P}(E \cap F) = \frac{2}{6} = \mathbb{P}(E) \cdot \mathbb{P}(F) = \frac{3}{6} \cdot \frac{4}{6} = \frac{1}{3}$.
- E und $F :=$ „Augenzahl kleiner oder gleich 3" sind nicht unabhängig, da $\mathbb{P}(E \cap F) = \frac{2}{6} \neq \mathbb{P}(E) \cdot \mathbb{P}(F) = \frac{3}{6} \cdot \frac{3}{6} = \frac{1}{4}$.

Der Begriff des Wahrscheinlichkeitsraums kann auch auf nicht endliche Mengen Ω ausgedehnt werden. Im Falle $\Omega \subseteq \mathbb{R}$ muss man sich dann aber auf Borel'sche Mengen als Ereignisse beschränken. Jede Menge, die sich als abzählbare Vereinigung von Intervallen oder Komplementen von Intervallen darstellen lässt, ist eine Borel'sche Menge.

Bedingte Wahrscheinlichkeit und Satz von Bayes

Sei $(\Omega, \mathfrak{P}(\Omega), \mathbb{P})$	ein Wahrscheinlichkeitsraum,
$E, F \in \mathfrak{P}(\Omega)$	Ereignisse mit $\mathbb{P}(F) > 0$, dann ist

$$\mathbb{P}(E \mid F) := \frac{\mathbb{P}(E \cap F)}{\mathbb{P}(F)}$$

die bedingte Wahrscheinlichkeit von E vorausgesetzt F.

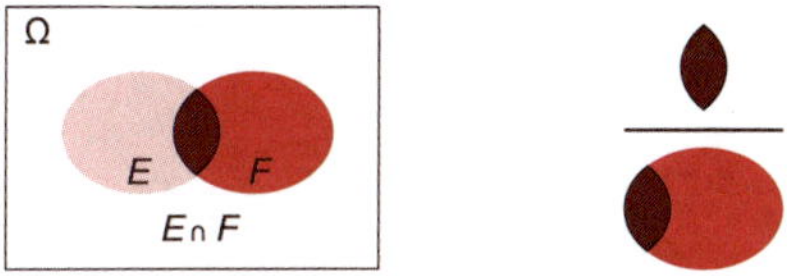

Bedingte Wahrscheinlichkeiten modellieren zweistufige Zufallsexperimente. Der Prototyp dafür ist das Ziehen aus einer Urne ohne Zurücklegen.

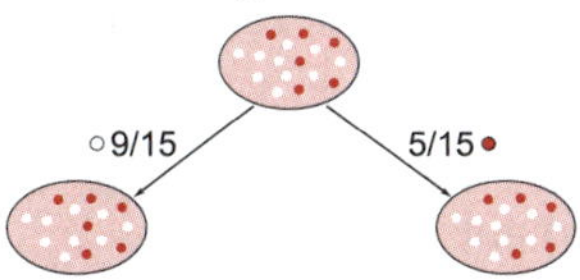

Je nachdem, ob im ersten Zug eine weiße oder eine rote Kugel entnommen wird, ändern sich die Wahrscheinlichkeiten für den zweiten Zug.

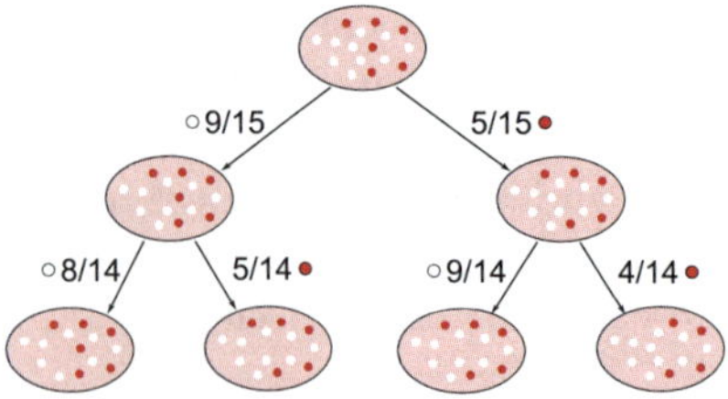

Sei $\{E_1, \dots, E_k\}$ eine Partition von Ω mit $\mathbb{P}(E_i) > 0$. Dann gilt der Satz von der totalen Wahrscheinlichkeit

$$\mathbb{P}(E) = \sum_{i=1}^{k} \mathbb{P}(E_i) \cdot \mathbb{P}(E \mid E_i)$$

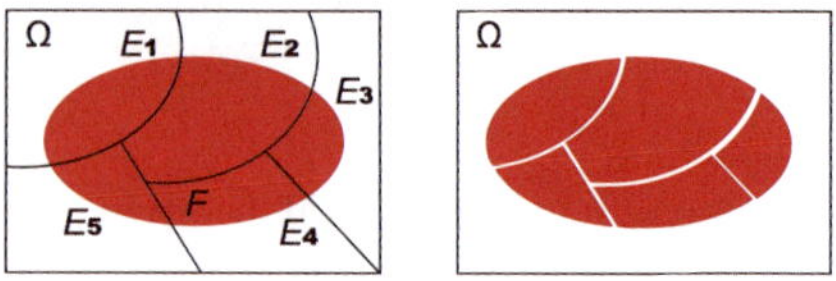

und der Satz von Bayes

$$\mathbb{P}(E_i \mid E) = \frac{\mathbb{P}(E|E_i) \cdot \mathbb{P}(E_i)}{\sum_{j=1}^{k} \mathbb{P}(E|E_j) \cdot \mathbb{P}(E_j)}.$$

Der Satz von der totalen Wahrscheinlichkeit erlaubt es, von der Kenntnis von Teilsituationen $E \cap E_i$ auf die Wahrscheinlichkeit des gesamten Ereignisses E zu schließen. Der Satz von Bayes ist von zentraler Bedeutung, da er in gewisser Weise eine Umkehrung der Bedingtheit von „$\mathbb{P}(E \mid E_j)$, vorausgesetzt E_j“ auf „$\mathbb{P}(E_i \mid E)$, vorausgesetzt E“, erlaubt. Man beachte aber, dass man daraus nicht Kausalitäten ableiten kann!

Beispiel

In einer Bevölkerung sind durchschnittlich 0,1% aller Personen TBCkrank. Ein medizinischer Test zur TBC-Erkennung zeigt in 95% aller Fälle eine vorliegende Erkrankung an; bei Gesunden zeigt der Test in 4% der Fälle aber irrtümlich eine Erkrankung an. Wir betrachten eine zufällig gewählte Person, die auf den Test positiv reagiert. Mit welcher Wahrscheinlichkeit hat sie tatsächlich TBC?

Wir bezeichnen mit TBC das Ereignis „Eine Person hat TBC". Es gilt also $\mathbb{P}(\mathrm{TBC}) = 0{,}001$. Weiter ist T_+ das Ereignis „Eine Person reagiert positiv auf den TBC-Test". Die bedingte Wahrscheinlichkeit $\mathbb{P}(T_+|\mathrm{TBC}) = 0{,}95$ wird als Sensitivität des Tests bezeichnet, die bedingte Wahrscheinlichkeit und $\mathbb{P}(\overline{T_+}|\overline{\mathrm{TBC}}) = 0{,}04$ als Spezifität. Mit dem Satz von Bayes wird nun der positive Vorhersagewert – d.h. die bedingte Wahrscheinlichkeit $\mathbb{P}(\mathrm{TBC}|T_+)$ aus den Daten bestimmt:

$$\mathbb{P}(\mathrm{TBC}|T_+) = \frac{\mathbb{P}(T_+|\mathrm{TBC})\mathbb{P}(\mathrm{TBC})}{\mathbb{P}(T_+|\mathrm{TBC})\mathbb{P}(\mathrm{TBC})+\mathbb{P}(T_+|\overline{\mathrm{TBC}})\mathbb{P}(\overline{\mathrm{TBC}})}$$

$$= \frac{0{,}95\cdot 0{,}001}{0{,}95\cdot 0{,}001+0{,}04\cdot 0{,}999} \approx 0{,}023.$$

Multipliziert man die Gleichung beispielsweise mit der Anzahl von 1.000.000 Personen und stellt einen Häufigkeitsbaum auf, dann wird dieses vielleicht überraschende Ergebnis leichter nachvollziehbar.

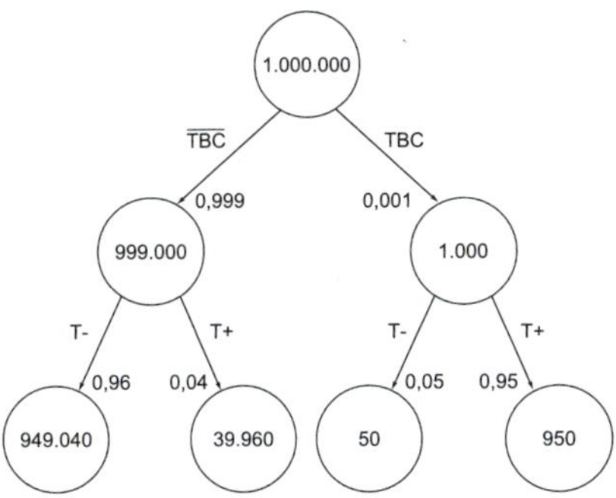

Zufallsvariablen und Wahrscheinlichkeitsverteilungen

Sei für diesen Abschnitt $(\Omega, \mathfrak{P}(\Omega), \mathbb{P})$ ein Wahrscheinlichkeitsraum. Eine Zufallsvariable ist eine Abbildung

$$X : \Omega \to \mathbb{R},$$

die jedem zufälligen Elementarereignis eine reelle Zahl zuordnet. Mit dieser Konstruktion kann vom Zufallsexperiment selbst abstrahiert werden. Der Fokus liegt dann vor allem auf den abgeleiteten zufälligen Zahlen.

Beispiel: Zwei Würfel: $\Omega = \{1, \ldots ,6\} \times \{1, \ldots ,6\}$, $X(i,j) := i + j$.

Mittels

$$\mathbb{P}(X \in B) := \mathbb{P}(B) := \mathbb{P}\left(X^{-1}(B)\right)$$

kann ein zur Zufallsvariablen X gehörendes Wahrscheinlichkeitsmaß (Bildmaß) für Ereignisse $B \subseteq \mathbb{R}$ gewonnen werden. Gibt es nur endlich viele Werte für X mit positiver Wahrscheinlichkeit, dann wird mit Hilfe der Urbildmenge $X^{-1}(\{x\})$ die Wahrscheinlichkeitsfunktion zu X definiert:

$$p : X(\Omega) \to [0; 1], p(x) := \mathbb{P}\left(X^{-1}(\{x\})\right).$$

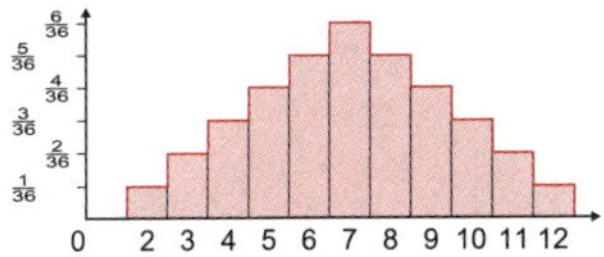

In den Anwendungen werden auch unendliche Bildmengen $X(\Omega) \subseteq \mathbb{R}$ benötigt. Für eine solche Verallgemeinerung betrachtet man bevorzugt Verteilungsfunktionen. Mit

$$F : \mathbb{R} \to [0;1], F(x) := \mathbb{P}(X \leq x)$$

ist die Verteilungsfunktion F zu X definiert.

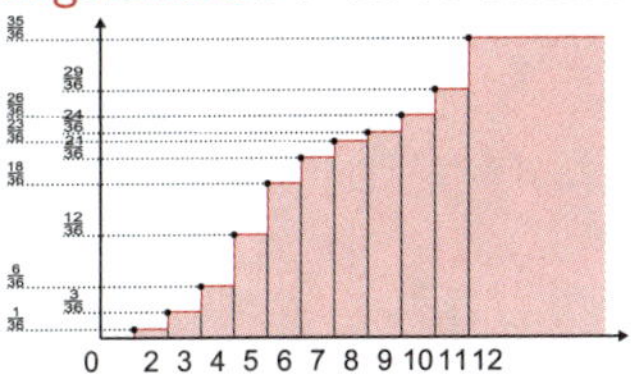

- F ist monoton wachsend.
- Ist $X(\Omega)$ endlich, so kodiert die Verteilungsfunktion die Wahrscheinlichkeitsfunktion. Sind nämlich $x_i < x_{i+1}$ direkt benachbarte Werte, so gilt $p(x_{i+1}) = F(x_{i+1}) - F(x_i)$.

In Verallgemeinerung der Wahrscheinlichkeitsfunktion heißt eine integrierbare Abbildung

$$f : \mathbb{R} \to [0;\infty[, \int_{-\infty}^{+\infty} f(x)\,\mathrm{d}x = 1,$$

Dichte oder Dichtefunktion. Der Flächeninhalt zwischen der Kurve und der waagrechten Achse ist 1:

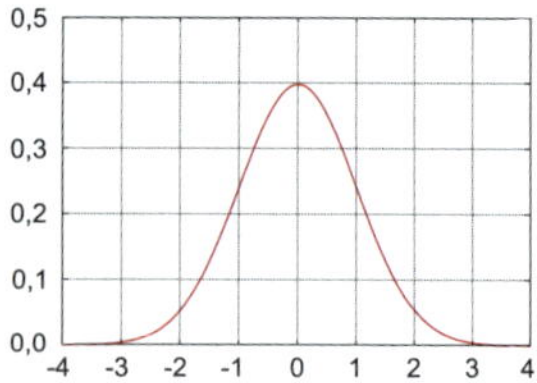

Eine (stetige) Zufallsvariable X wird durch eine (integrierbare) Dichtefunktion $f = f_X : \mathbb{R} \to \mathbb{R}$ bestimmt, falls für alle Intervalle $[x_1; x_2], x_1, x_2 \in \mathbb{R}$, Folgendes gilt:

$$\mathbb{P}(x_1 \leq X \leq x_2) = \int_{x_1}^{x_2} f(x)\,\mathrm{d}x.$$

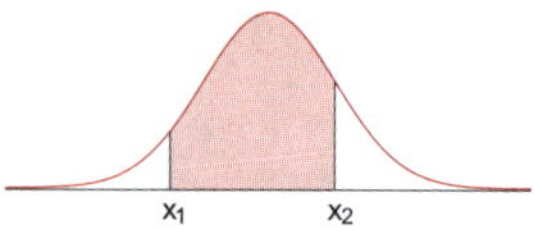

Die zugehörige Verteilungsfunktion ist[8]

$$F(x) = \int_{-\infty}^{x} f(\xi) d\xi.$$

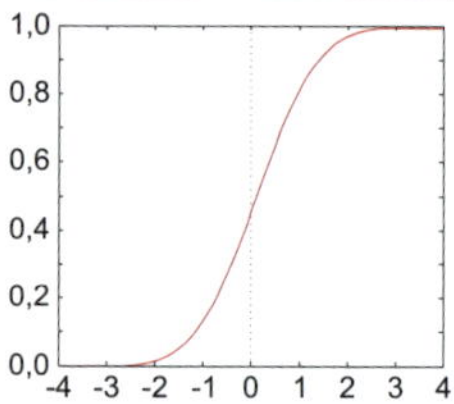

[8] Da hier die obere Integrationsgrenze x variabel ist, benötigen wir als eine Integrationsvariable ein andere Größe. Wir haben den zu x korrespondierenden griechischen Buchstaben ξ gewählt.

Die Wahrscheinlichkeit für ein Intervall kann mit Hilfe der Verteilungsfunktion berechnet werden.

$$\mathbb{P}\left(x_1 \leq X \leq x_2\right) = F(x_2) - F(x_1).$$

Diese Methode ist deshalb besonders wichtig, da es für die meisten der in der statistischen Anwendungspraxis vorkommenden Dichtefunktionen keine elementaren Stammfunktionen gibt und man daher wichtige Werte der Verteilungsfunktionen in Tabellen abspeichert. Solche Tabellen sind auf den Seiten 79, 81 – 83 und 86 – 88 zu finden.

Weiter ist in den Anwendungen insbsondere in der statistischen Testtheorie – siehe ab Seite 107 – die Umkehrfunktion einer Verteilungsfunktion von Wichtigkeit. Man verwendet dazu für $p \in [0; 1]$ den Begriff des p-Quantils Q_p, siehe Seite 18. Dieser lässt sich mit einer Verteilungsfunktion F als Urbild $Q_p := F^{-1}(p) \in \mathbb{R}$ charakterisieren, d.h. das p-Quantil teilt den Wertebereich einer Zufallsvariablen mit Verteilungsfunktion F in zwei Teile. Mit Wahrscheinlichkeit p wird ein Wert kleiner oder gleich Q_p beobachtet, mit Wahrscheinlichkeit $1 - p$ ein Wert größer Q_p:

$$\mathbb{P}(X \leq Q_p) = F(Q_p) = p.$$

Für wichtige Quantile sind Tabellen angelegt, siehe die Seiten 78, 84 und 86.

Im Bild ist das 0,75-Quantil $Q_{0,75} = 0{,}67449$ eingezeichnet:

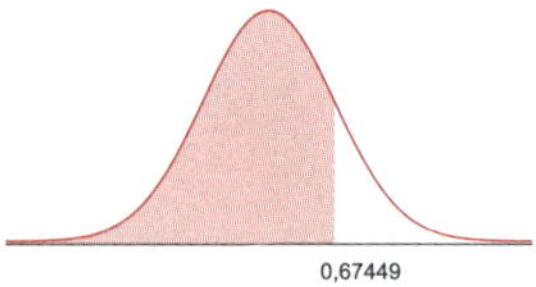

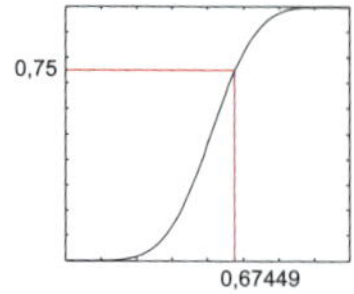

Der Erwartungswert einer Zufallsvariablen X mit Dichtefunktion f ist – vorausgesetzt $xf(x)$ ist integrierbar –

$$\mu = \mathbb{E}(X) = \int_{-\infty}^{\infty} xf(x)\ \mathrm{d}x.$$

Linearität des Erwartungswerts: Mit den Zufallsvariablen X und Y und den reellen Zahlen $\alpha \in \mathbb{R}$ und $\beta \in \mathbb{R}$ ist auch $\alpha X + \beta Y$ eine Zufallsvariable mit Erwartungswert

$$\mathbb{E}(\alpha X + \beta Y) = \alpha \mathbb{E}(X) + \beta \mathbb{E}(Y).$$

Für die meisten in der statistischen Praxis vorkommenden Dichtefunktionen f gilt, dass $xf(x)$ integrierbar ist. Das wird im Folgenden immer vorausgesetzt sein.

Die Varianz einer Zufallsvariablen X mit Dichtefunktion f ist – vorausgesetzt auch $x^2 f$ ist integrierbar –

$$\mathbb{V}(X) = \int_{-\infty}^{\infty} (x - \mathbb{E}(X))^2 f(x)\ \mathrm{d}x.$$

Die Standardabweichung einer Zufallsvariablen X mit Dichtefunktion f ist

$$\sigma(X) = \sqrt{\mathbb{V}(X)}.$$

Ist f die Dichte von X, dann ist auch X^2 eine Zufallsvariable mit $\mathbb{E}\left(X^2\right) = \int_{-\infty}^{\infty} x^2 f(x)\ dx$. Die Varianz kann damit auch so berechnet werden – Verschiebungssatz:

$$\mathbb{V}(X) = \mathbb{E}\left(X^2\right) - \mathbb{E}(X)^2.$$

Die Abweichung einer Zufallsvariablen vom Erwartungswert kann mit Hilfe der Varianz abgeschätzt werden. Es gilt die Ungleichung von Tschebyscheff: Für eine Zufallsvariable X mit $\sigma(X), \mathbb{V}(X) \in \mathbb{R}$ und $0 < \epsilon \in \mathbb{R}$ gilt

$$\mathbb{P}\left(|X - \mathbb{E}(X)| \geq \epsilon\right) \leq \frac{\mathbb{V}(X)}{\epsilon^2}.$$

Unabhängig vom Verteilungstyp der Zufallsvariablen kann mit dieser Ungleichung gefolgert werden, dass mit einer Wahrscheinlichkeit von indestens $1 - \frac{1}{k^2}$ die beobachteten Werte im Intervall $[\mathbb{E}(X) - k\sigma(X); \mathbb{E}(X) + k\sigma(X)]$ liegen, was für die Vielfachen $2 \leq k \in \mathbb{N}$ der Streuung um den Erwartungswert eine interessante Aussage ist.

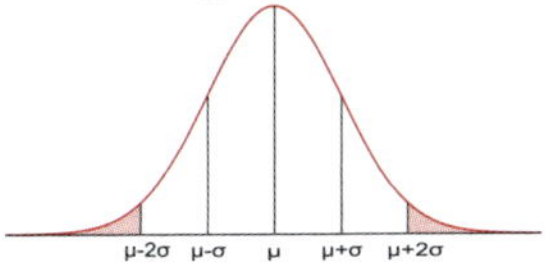

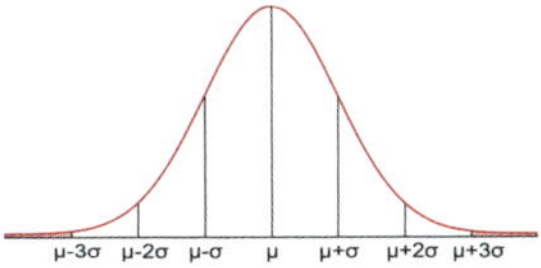

Die Kovarianz $\mathbb{COV}(X, Y)$ zweier Zufallsvariablen X, Y für den gleichen Wahrscheinlichkeitsraum – für die die notwendigen Integrierbarkeitsbedingungen gelten – ist

$$\mathbb{COV}(X, Y) := \mathbb{E}((X - \mathbb{E}(X))(Y - \mathbb{E}(Y))).$$

Auch für die Kovarianz gilt der Verschiebungssatz:

$$\mathbb{COV}(X, Y) = \mathbb{E}(XY) - \mathbb{E}(X)\,\mathbb{E}(Y).$$

Die zwei Zufallsvariablen X und Y heißen unkorreliert, falls $\mathbb{COV}(X, Y) = 0$ gilt. Sind die Zufallsvariablen $(X_i)_{1 \leq i \leq n}$ paarweise unkorreliert, so gilt

$$\mathbb{V}\left(\sum_{i=1}^{n} X_i\right) = \sum_{i=1}^{n} \mathbb{V}(X_i).$$

Zwei Zufallsvariablen X, Y für den gleichen Wahrscheinlichkeitsraum sind unabhängig, wenn für alle Intervalle $I_X, I_Y \subseteq \mathbb{R}$ folgendes gilt:

$$\mathbb{P}((X \in I_X) \cap (Y \in I_Y)) = \mathbb{P}(X \in I_X) \cdot \mathbb{P}(Y \in I_Y).$$

Sind die Zufallsvariablen X und Y unabhängig, dann sind sie auch unkorreliert.

Verteilungen

Binomialverteilung

Sei $n \in \mathbb{N}$	die Zahl der unabhängigen Wiederholungen eines Experiments mit zwei möglichen Ausgängen E oder $\overline{E}$
und $p \in]0;1[$	die Wahrscheinlichkeit $\mathbb{P}(E) = p$.

Die Anzahl des Auftretens von E bei diesem sogenannten Bernoulliexperiment wird durch die Binomialverteilung $B_{n,p}$ mit Parameter n und p sowie $k \in \mathbb{N}$ beschrieben:

$$\mathbb{P}(B_{n,p} = k) = \binom{n}{k} p^k (1-p)^{n-k},$$

$\mathbb{E}(B_{n,p}) = np$	Erwartungswert,
$\mathbb{V}(B_{n,p}) = np(1-p)$	Varianz.

Der Prototyp eines passenden Zufallsexperiments ist das n-fache Ziehen mit Zurücklegen einer Kugel aus einer Urne mit k weißen und $n-k$ roten Kugeln.

Beispiel

Ein Gebinde mit 12 Produkten enthält im Mittel 20% fehlerhafte Stücke. Die Binomialverteilung $B_{12;0,2}$ stellt die Wahrscheinlichkeiten dar, dass beim zufälligen Herausgreifen eines Gebindes k fehlerhafte Stücke auftreten, $0 \leq k \leq 12$ – rote Säulen. Zusätzlich haben wir noch die Verteilung von $B_{12;0,5}$ in die folgende Grafik mit rosa Säulen eingetragen.

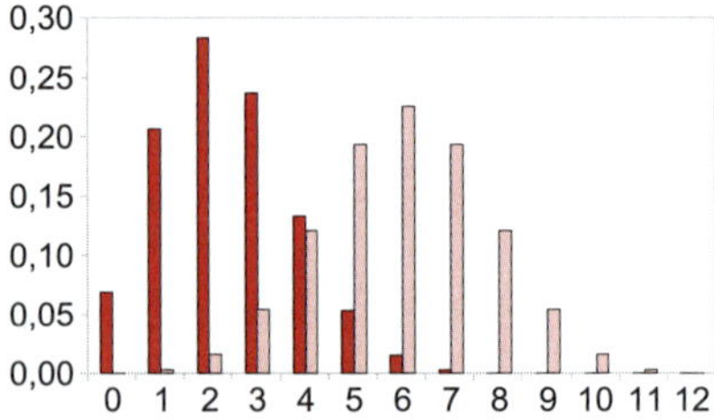

Wahrscheinlichkeit: $\mathbb{P}(B_{n,p} = k) =$
BINOMVERT(k;n;p;0)

Verteilungsfunktion: $\mathbb{P}(B_{n,p} \leq k) =$
BINOMVERT(k;n;p;1)

Sind mehrere Zufallsvariablen X_i gleichzeitig zu betrachten, dann werden sie zusammengefasst: Ein Zufallsvektor ist eine Abbildung

$$X = (X_1, \ldots, X_k) : \Omega \to \mathbb{R}^k,$$

die jedem Elementarereignis einen Vektor reeller Zahlen zuordnet.

Multinomialverteilung

Das Bernoulliexperiment – siehe Seite 71 – wird auf mehr als zwei Ereignisse verallgemeinert.

Sei $\{E_1; \dots; E_k\}$	eine Partition von Ω,
seien $n \in \mathbb{N}$	Zahl der unabhängigen Wiederholungen eines Experiments mit k möglichen Ausgängen E_i, $1 \leq i \leq k$
und $p_i \in]0;1[$	die Wahrscheinlichkeit $\mathbb{P}(E_i) = p_i$
sowie $a_i \in \mathbb{N}$	die Anzahl der auftretenden Ereignisse E_i mit $\sum_{i=1}^{k} a_i = n$.

Für die Multinominalverteilung $M_{n,p}$ mit Parametern $n \in \mathbb{N}$, $p := (p_1; \dots; p_k) \in \mathbb{R}^k$ und $a := (a_1; \dots; a_k) \in \mathbb{N}^k$ gilt

$$\mathbb{P}(M_{n;p} = a) = \binom{n}{a_1; a_2; \dots; a_k} \prod_{i=1}^{k} p_i^{a_i}.$$

$\mathbb{E}(M_{n;p}) = np = (np_1; \dots; np_k)$	Erwartungsvektor,
$\mathbb{V}(M_{n;p}) = (np_i(1-p_i))_{1 \leq i \leq k}$	Varianzvektor.

Hypergeometrische Verteilung

Nun wird die im Bernoulliexperiment geforderte Unabhängigkeit aufgegeben. Statt wie dort n unabhängige Wiederholungen des Ziehens mit Zurücklegen aus einer Urne, die Kugeln in zwei Farben enthält, vorzunehmen, werden nun gleichzeitig n Kugeln gezogen, äquivalent dazu ist das n-fache Ziehen ohne Zurücklegen.

Sei $N \in \mathbb{N}$	die Anzahl der Kugeln in einer Urne mit
$M \in \mathbb{N}, M \leq N$	die Anzahl der ‚günstigen' Kugeln und

sei $n \in \mathbb{N}, n \leq N$	die Zahl der gezogenen Kugeln – ohne Zurücklegen.

Für die Hypergeometrische Verteilung $H_{N;M;n}$ mit Parametern $M, N, n \in \mathbb{N}$ gilt

$$\mathbb{P}(H_{N;M;n} = k) = \frac{\binom{M}{k}\binom{N-M}{n-k}}{\binom{N}{n}}, \quad 0 \leq k \leq n \text{ mit}$$

$\mathbb{E}(H_{N;M;n}) = n\frac{M}{N}$	Erwartungswert,
$\mathbb{V}(H_{N;M;n}) = n\frac{M}{N}\left(1 - \frac{M}{N}\right)\frac{N-n}{N-1}$	Varianz;

wobei $\frac{N-n}{N-1}$ der Endlichkeitskorrekturfaktor ist.

Wahrscheinlichkeit: $\mathbb{P}(H_{N;M;n} = k) =$
`HYPERGEOM(k;n;M;N)`

Beispiel

In der folgenden Grafik sind für $N = 100$, $M = 40$, $n = 20$ und $0 \leq k \leq n$ die hypergeometrische Verteilung $H_{100;40;20}$ sowie die verwandte Binomialverteilung $B_{20;0,4}$ für $p := \frac{M}{N}$ angegeben.

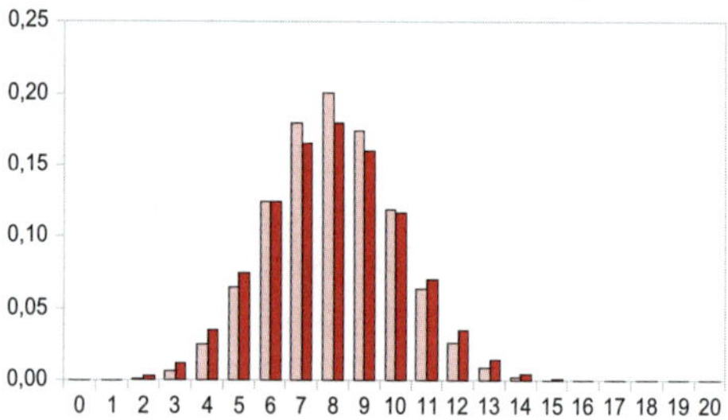

Poissonverteilung

Die Poissonverteilung gibt die Wahrscheinlichkeit an für die Häufigkeiten des Auftretens von Ereignissen in einer festen Zeiteinheit, wenn die durchschnittliche Anzahl λ ihres Auftreten gegeben ist. Auch sie entsteht aus der Binomialverteilung, wenn man beim Grenzübergang $n \to \infty$ das Produkt $\lambda := np$ konstant hält.

Sei $0 < \lambda \in \mathbb{R}$	die mittlere Anzahl in einer Zeiteinheit erwarteter Ereignisse.

Für die Poissonverteilung P_λ mit Parameter λ gilt

$$\mathbb{P}(P_\lambda = k) = \frac{\lambda^k}{k!} e^{-\lambda}, \quad 0 \leq k \in \mathbb{N} \text{ mit}$$

$\mathbb{E}(P_\lambda) = \lambda$	Erwartungswert und
$\mathbb{V}(P_\lambda) = \lambda$	Varianz.

Wahrscheinlichkeit: $\mathbb{P}(P_\lambda = k) = \texttt{POISSON}(k;\lambda;0)$

Verteilungsfunktion: $\mathbb{P}(P_\lambda \leq k) = \texttt{POISSON}(k;\lambda;1)$

Beispiel

In einem Call-Center kommen an einem Arbeitsplatz je Viertelsstunde 10 Anrufe an. Wie groß ist die Wahrscheinlichkeit, dass in einer Viertelstunde mehr als 12 Anrufe ankommen? $\mathbb{P}(P_{10} > 12) = 1 - \mathbb{P}(P_{10} \leq 12) = 1 - \sum_{k=0}^{12} \frac{10^k}{k!} e^{-10} \approx 1 - 0{,}791556 \approx 21\%$.

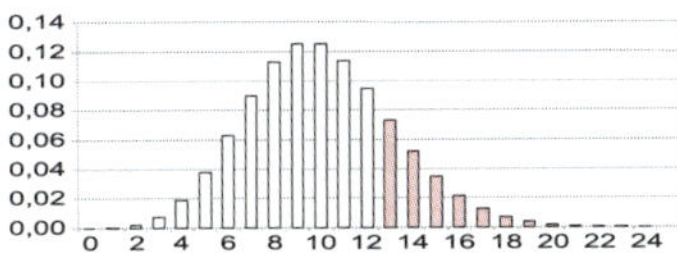

Normalverteilung

Die Gauss'sche Normalverteilung – auch Glockenkurve genannt – ist wegen des zentralen Grenzwertsatzes – siehe Seite 94 – die wichtigste (stetige) Verteilung in der Statistik. Für die Parameter

$\mu \in \mathbb{R}$	Mittelwert und
$\sigma \in \mathbb{R}$	Streuung

wird die Normalverteilung $X_{\mu;\sigma}$ durch die Wahrscheinlichkeitsdichte

$$f_{\mu;\sigma}(x) = \frac{1}{\sigma\sqrt{2\pi}} e^{-\frac{1}{2}\left(\frac{x-\mu}{\sigma}\right)^2}$$

definiert. Besitzt eine normalverteilte Zufallsvariable X die Parameter μ und σ, so hat sich auch die Schreibweise

$$X \sim N(\mu; \sigma^2)$$

eingebürgert. Gilt $\mu = 0$ und $\sigma = 1$, so spricht man von der Standardnormalverteilung. Ihre Dichtefunktion hat die typische Glockenform.

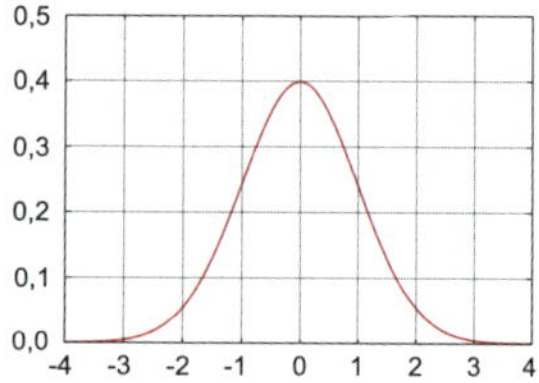

Für $X_{\mu;\sigma}$ gilt

$\mathbb{E}(X_{\mu;\sigma}) = \mu$	ist der Erwartungswert und
$\mathbb{V}(X_{\mu;\sigma}) = \sigma^2$	die Varianz.

Die Dichtefunktion $f_{\mu;\sigma}$ der Normalverteilung ist achsensymmetrisch zum Punkt $x = \mu$. Eine Kurvendiskussion zeigt, dass die Dichtefunktion $f_{\mu;\sigma}$ ihr Maximum bei $x = \mu$ annimmt und bei $x = \mu \pm \sigma$ je einen Wendepunkt besitzt. Für $x \to +\infty$ und für $x \to -\infty$ strebt die Dichtefunktion gegen 0. Mittels Standardisierung, d.h. der linearen Transformation – auch z-Transformation –

$$x \mapsto x' := \frac{x - \mu}{\sigma}$$

wird die normalverteilte Zufallsvariable $X \sim N(\mu; \sigma^2)$ in die standardnormalverteilte Zufallsvariable $X' \sim N(0; 1)$ transformiert. Diese Transformation und die Substitutionsregel für Integrale liefert die wichtige Beziehung

$$\begin{aligned}\mathbb{P}\left(X_{\mu;\sigma} \leq x\right) = F_{\mu;\sigma}(x) = \\ = \mathbb{P}\left(X_{0;1} \leq \tfrac{x-\mu}{\sigma}\right) = F_{0;1}\left(\tfrac{x-\mu}{\sigma}\right)\end{aligned}$$

für die Verteilungsfunktionen $F_{\mu;\sigma}$ der Normalverteilungen. Damit und mit der Beziehung

$$F_{0;1}(x) = 1 - F_{0;1}(-x), x \in \mathbb{R}$$

kann traditionell ein Tafelwerk wie

$$\left(F_{0;1}\left(i \cdot 0{,}1 + j \cdot 0{,}01\right)\right)_{0 \leq i \leq 34, 0 \leq j \leq 9}$$

allgemein genutzt werden. Diese Werte sind auf der Seite 79 zusammengestellt. Die Zeilen sind dabei durch $x_i :=$

$i \cdot 0{,}1$ nummeriert, die Spalten durch $y_j := j \cdot 0{,}01$. Ein ausführliches Rechenbeispiel dazu findet sich auf Seite 92.

Beispiel

Das Ablesen von beispielsweise $F_{0;1}(1{,}37) = 0{,}9147$ geschieht durch Auswahl der Zeile mit dem Eintrag 1,3 in der ersten Spalte und der Spalte mit dem Eintrag 0,07 in der ersten Zeile.

Dichte: $f_{\mu;\sigma}(x) = \texttt{NORMVERT}(x;\mu;\sigma;0)$

Verteilungsfunktion:
$\mathbb{P}(X_{\mu;\sigma} \leq x) = \texttt{NORMVERT}(x;\mu;\sigma;1)$

p-Quantil: $Q_p = \texttt{NORMINV}(p;\mu;\sigma)$

Die wichtigsten p-Quantile der Standardnormalverteilung sind in der folgenden Tabelle zusammengestellt.

p-Quantile der Standardnormalverteilung

p	0,0005	0,001	0,005	0,010	0,020	0,025	0,030
Q_p	-3,29050	-3,09023	-2,57580	-2,32635	-2,05375	-1,95996	-1,88079

p	0,040	0,050	0,100	0,200	0,300	0,400	0,500
Q_p	-1,75069	-1,64485	-1,28155	-0,84162	-0,52440	-0,25335	0,00000

p	0,9995	0,999	0,995	0,990	0,980	0,975	0,970
Q_p	3,29050	3,09023	2,57580	2,32635	2,05375	1,95996	1,88079

p	0,960	0,950	0,900	0,800	0,700	0,600	0,500
Q_p	1,75069	1,64485	1,28155	0,84162	0,52440	0,25335	0,00000

Standardnormalverteilung ($F_{0;1}(x_i + y_j)$)

$x_i \backslash y_j$	0,00	0,01	0,02	0,03	0,04	0,05	0,06	0,07	0,08	0,09
0,0	,5000	,5040	,5080	,5120	,5160	,5199	,5239	,5279	,5319	,5359
0,1	,5398	,5438	,5478	,5517	,5557	,5596	,5636	,5675	,5714	,5753
0,2	,5793	,5832	,5871	,5910	,5948	,5987	,6026	,6064	,6103	,6141
0,3	,6179	,6217	,6255	,6293	,6331	,6368	,6406	,6443	,6480	,6517
0,4	,6554	,6591	,6628	,6664	,6700	,6736	,6772	,6808	,6844	,6879
0,5	,6915	,6950	,6985	,7019	,7054	,7088	,7123	,7157	,7190	,7224
0,6	,7257	,7291	,7324	,7357	,7389	,7422	,7454	,7486	,7517	,7549
0,7	,7580	,7611	,7642	,7673	,7704	,7734	,7764	,7794	,7823	,7852
0,8	,7881	,7910	,7939	,7967	,7995	,8023	,8051	,8078	,8106	,8133
0,9	,8159	,8186	,8212	,8238	,8264	,8289	,8315	,8340	,8365	,8389
1,0	,8413	,8438	,8461	,8485	,8508	,8531	,8554	,8577	,8599	,8621
1,1	,8643	,8665	,8686	,8708	,8729	,8749	,8770	,8790	,8810	,8830
1,2	,8849	,8869	,8888	,8907	,8925	,8944	,8962	,8980	,8997	,9015
1,3	,9032	,9049	,9066	,9082	,9099	,9115	,9131	,9147	,9162	,9177
1,4	,9192	,9207	,9222	,9236	,9251	,9265	,9279	,9292	,9306	,9319
1,5	,9332	,9345	,9357	,9370	,9382	,9394	,9406	,9418	,9429	,9441
1,6	,9452	,9463	,9474	,9484	,9495	,9505	,9515	,9525	,9535	,9545
1,7	,9554	,9564	,9573	,9582	,9591	,9599	,9608	,9616	,9625	,9633
1,8	,9641	,9649	,9656	,9664	,9671	,9678	,9686	,9693	,9699	,9706
1,9	,9713	,9719	,9726	,9732	,9738	,9744	,9750	,9756	,9761	,9767
2,0	,9772	,9778	,9783	,9788	,9793	,9798	,9803	,9808	,9812	,9817
2,1	,9821	,9826	,9830	,9834	,9838	,9842	,9846	,9850	,9854	,9857
2,2	,9861	,9864	,9868	,9871	,9875	,9878	,9881	,9884	,9887	,9890
2,3	,9893	,9896	,9898	,9901	,9904	,9906	,9909	,9911	,9913	,9916
2,4	,9918	,9920	,9922	,9925	,9927	,9929	,9931	,9932	,9934	,9936
2,5	,9938	,9940	,9941	,9943	,9945	,9946	,9948	,9949	,9951	,9952
2,6	,9953	,9955	,9956	,9957	,9959	,9960	,9961	,9962	,9963	,9964
2,7	,9965	,9966	,9967	,9968	,9969	,9970	,9971	,9972	,9973	,9974
2,8	,9974	,9975	,9976	,9977	,9977	,9978	,9979	,9979	,9980	,9981
2,9	,9981	,9982	,9982	,9983	,9984	,9984	,9985	,9985	,9986	,9986
3,0	,9987	,9987	,9987	,9988	,9988	,9989	,9989	,9989	,9990	,9990
3,1	,9990	,9991	,9991	,9991	,9992	,9992	,9992	,9992	,9993	,9993
3,2	,9993	,9993	,9994	,9994	,9994	,9994	,9994	,9995	,9995	,9995
3,3	,9995	,9995	,9995	,9996	,9996	,9996	,9996	,9996	,9996	,9997
3,4	,9997	,9997	,9997	,9997	,9997	,9997	,9997	,9997	,9997	,9998

Student-t-Verteilung

Flacher als die Normalverteilung – schwarze Linie – ist die Student-t-Verteilung – rote Linie:

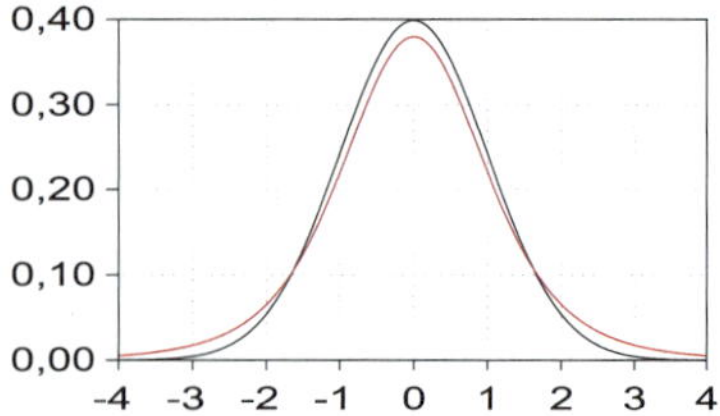

Zu ihrer Definition ist die Gammafunktion[9] Γ heranzuziehen. Für den Parameter

$\nu \in \mathbb{N}$	Freiheitsgrad

wird die Student-t-Verteilung t_ν durch die Wahrscheinlichkeitsdichte

$$f(x) = \frac{\Gamma\left(\frac{\nu+1}{2}\right)}{\Gamma\left(\frac{\nu}{2}\right)\sqrt{\pi\nu}}\left(1+\frac{x^2}{\nu}\right)^{-\frac{\nu+1}{2}}$$

definiert. Für t_ν gilt:

$\mathbb{E}(t_\nu) = 0,$	der Erwartungswert für $\nu > 1$,
$\mathbb{V}(t_\nu) = \frac{\nu}{\nu-2} \to 1,$	die Varianz für $\nu > 2$.

Im Folgenden wird zuerst die Tabelle der Werte der Verteilungsfunktionen $(\mathbb{P}(t_\nu \leq x_i))_{0\leq i\leq 35, 1\leq\nu\leq 10}$ für $x_i := i \cdot 0{,}1$ angegeben, dann zwei weitere für $0 \leq i \leq 35$ und $11 \leq \nu \leq 20$ sowie $21 \leq \nu \leq 30$.

[9]Siehe Seite 9 und konsultiere dazu Mathematikbücher über Analysis.

Student-t-Verteilung für $1 \leq \nu \leq 10$

$x\backslash\nu$	1	2	3	4	5	6	7	8	9	10
0,0	,500	,500	,500	,500	,500	,500	,500	,500	,500	,500
0,1	,532	,535	,537	,537	,538	,538	,538	,539	,539	,539
0,2	,563	,570	,573	,574	,575	,576	,576	,577	,577	,577
0,3	,593	,604	,608	,610	,612	,613	,614	,614	,615	,615
0,4	,621	,636	,642	,645	,647	,648	,649	,650	,651	,651
0,5	,648	,667	,674	,678	,681	,683	,684	,685	,685	,686
0,6	,672	,695	,705	,710	,713	,715	,716	,717	,718	,719
0,7	,694	,722	,733	,739	,742	,745	,747	,748	,749	,750
0,8	,715	,746	,759	,766	,770	,773	,775	,777	,778	,779
0,9	,733	,768	,783	,790	,795	,799	,801	,803	,804	,805
1,0	,750	,789	,804	,813	,818	,822	,825	,827	,828	,830
1,1	,765	,807	,824	,833	,839	,843	,846	,848	,850	,851
1,2	,779	,823	,842	,852	,858	,862	,865	,868	,870	,871
1,3	,791	,838	,858	,868	,875	,879	,883	,885	,887	,889
1,4	,803	,852	,872	,883	,890	,894	,898	,900	,902	,904
1,5	,813	,864	,885	,896	,903	,908	,911	,914	,916	,918
1,6	,822	,875	,896	,908	,915	,920	,923	,926	,928	,930
1,7	,831	,884	,906	,918	,925	,930	,934	,936	,938	,940
1,8	,839	,893	,915	,927	,934	,939	,943	,945	,947	,949
1,9	,846	,901	,923	,935	,942	,947	,950	,953	,955	,957
2,0	,852	,908	,930	,942	,949	,954	,957	,960	,962	,963
2,1	,859	,915	,937	,948	,955	,960	,963	,966	,967	,969
2,2	,864	,921	,942	,954	,960	,965	,968	,971	,972	,974
2,3	,869	,926	,948	,959	,965	,969	,973	,975	,977	,978
2,4	,874	,931	,952	,963	,969	,973	,976	,978	,980	,981
2,5	,879	,935	,956	,967	,973	,977	,980	,982	,983	,984
2,6	,883	,939	,960	,970	,976	,980	,982	,984	,986	,987
2,7	,887	,943	,963	,973	,979	,982	,985	,986	,988	,989
2,8	,891	,946	,966	,976	,981	,984	,987	,988	,990	,991
2,9	,894	,949	,969	,978	,983	,986	,989	,990	,991	,992
3,0	,898	,952	,971	,980	,985	,988	,990	,991	,993	,993
3,1	,901	,955	,973	,982	,987	,989	,991	,993	,994	,994
3,2	,904	,957	,975	,984	,988	,991	,992	,994	,995	,995
3,3	,906	,960	,977	,985	,989	,992	,993	,995	,995	,996
3,4	,909	,962	,979	,986	,990	,993	,994	,995	,996	,997
3,5	,911	,964	,980	,988	,991	,994	,995	,996	,997	,997

Student-t-Verteilung für $11 \leq \nu \leq 20$

$x \backslash \nu$	11	12	13	14	15	16	17	18	19	20
0,0	,500	,500	,500	,500	,500	,500	,500	,500	,500	,500
0,1	,539	,539	,539	,539	,539	,539	,539	,539	,539	,539
0,2	,577	,578	,578	,578	,578	,578	,578	,578	,578	,578
0,3	,615	,615	,616	,616	,616	,616	,616	,616	,616	,616
0,4	,652	,652	,652	,652	,653	,653	,653	,653	,653	,653
0,5	,687	,687	,687	,688	,688	,688	,688	,688	,689	,689
0,6	,720	,720	,721	,721	,721	,722	,722	,722	,722	,722
0,7	,751	,751	,752	,752	,753	,753	,753	,754	,754	,754
0,8	,780	,780	,781	,781	,782	,782	,783	,783	,783	,783
0,9	,806	,807	,808	,808	,809	,809	,810	,810	,810	,811
1,0	,831	,831	,832	,833	,833	,834	,834	,835	,835	,835
1,1	,853	,854	,854	,855	,856	,856	,857	,857	,857	,858
1,2	,872	,873	,874	,875	,876	,876	,877	,877	,878	,878
1,3	,890	,891	,892	,893	,893	,894	,895	,895	,895	,896
1,4	,905	,907	,908	,908	,909	,910	,910	,911	,911	,912
1,5	,919	,920	,921	,922	,923	,923	,924	,925	,925	,925
1,6	,931	,932	,933	,934	,935	,935	,936	,936	,937	,937
1,7	,941	,943	,944	,944	,945	,946	,946	,947	,947	,948
1,8	,950	,951	,952	,953	,954	,955	,955	,956	,956	,957
1,9	,958	,959	,960	,961	,962	,962	,963	,963	,964	,964
2,0	,965	,966	,967	,967	,968	,969	,969	,970	,970	,970
2,1	,970	,971	,972	,973	,973	,974	,975	,975	,975	,976
2,2	,975	,976	,977	,977	,978	,979	,979	,979	,980	,980
2,3	,979	,980	,981	,981	,982	,982	,983	,983	,984	,984
2,4	,982	,983	,984	,985	,985	,986	,986	,986	,987	,987
2,5	,985	,986	,987	,987	,988	,988	,989	,989	,989	,989
2,6	,988	,988	,989	,990	,990	,990	,991	,991	,991	,991
2,7	,990	,990	,991	,991	,992	,992	,992	,993	,993	,993
2,8	,991	,992	,992	,993	,993	,994	,994	,994	,994	,994
2,9	,993	,993	,994	,994	,995	,995	,995	,995	,995	,996
3,0	,994	,994	,995	,995	,996	,996	,996	,996	,996	,996
3,1	,995	,995	,996	,996	,996	,997	,997	,997	,997	,997
3,2	,996	,996	,997	,997	,997	,997	,997	,998	,998	,998
3,3	,996	,997	,997	,997	,998	,998	,998	,998	,998	,998
3,4	,997	,997	,998	,998	,998	,998	,998	,998	,998	,999
3,5	,998	,998	,998	,998	,998	,999	,999	,999	,999	,999

Student-t-Verteilung für $21 \leq \nu \leq 30$

$x \backslash \nu$	21	22	23	24	25	26	27	28	29	30
0,0	,500	,500	,500	,500	,500	,500	,500	,500	,500	,500
0.1	,539	,539	,539	,539	,539	,539	,539	,539	,539	,539
0,2	,578	,578	,578	,578	,578	,578	,579	,579	,579	,579
0,3	,616	,617	,617	,617	,617	,617	,617	,617	,617	,617
0,4	,653	,653	,654	,654	,654	,654	,654	,654	,654	,654
0,5	,689	,689	,689	,689	,689	,689	,689	,690	,690	,690
0,6	,723	,723	,723	,723	,723	,723	,723	,723	,723	,723
0,7	,754	,754	,755	,755	,755	,755	,755	,755	,755	,755
0,8	,784	,784	,784	,784	,784	,785	,785	,785	,785	,785
0,9	,811	,811	,811	,811	,812	,812	,812	,812	,812	,812
1,0	,836	,836	,836	,836	,837	,837	,837	,837	,837	,837
1,1	,858	,858	,859	,859	,859	,859	,859	,860	,860	,860
1,2	,878	,879	,879	,879	,879	,880	,880	,880	,880	,880
1,3	,896	,896	,897	,897	,897	,897	,898	,898	,898	,898
1,4	,912	,912	,913	,913	,913	,913	,914	,914	,914	,914
1,5	,926	,926	,926	,927	,927	,927	,927	,928	,928	,928
1,6	,938	,938	,938	,939	,939	,939	,939	,940	,940	,940
1,7	,948	,948	,949	,949	,949	,949	,950	,950	,950	,950
1,8	,957	,957	,958	,958	,958	,958	,958	,959	,959	,959
1,9	,964	,965	,965	,965	,965	,966	,966	,966	,966	,966
2,0	,971	,971	,971	,972	,972	,972	,972	,972	,973	,973
2,1	,976	,976	,977	,977	,977	,977	,977	,978	,978	,978
2,2	,980	,981	,981	,981	,981	,982	,982	,982	,982	,982
2,3	,984	,984	,985	,985	,985	,985	,985	,985	,986	,986
2,4	,987	,987	,988	,988	,988	,988	,988	,988	,988	,989
2,5	,990	,990	,990	,990	,990	,990	,991	,991	,991	,991
2,6	,992	,992	,992	,992	,992	,992	,993	,993	,993	,993
2,7	,993	,993	,994	,994	,994	,994	,994	,994	,994	,994
2,8	,995	,995	,995	,995	,995	,995	,995	,995	,996	,996
2,9	,996	,996	,996	,996	,996	,996	,996	,996	,996	,997
3,0	,997	,997	,997	,997	,997	,997	,997	,997	,997	,997
3,1	,997	,997	,997	,998	,998	,998	,998	,998	,998	,998
3,2	,998	,998	,998	,998	,998	,998	,998	,998	,998	,998
3,3	,998	,998	,998	,998	,999	,999	,999	,999	,999	,999
3,4	,999	,999	,999	,999	,999	,999	,999	,999	,999	,999
3,5	,999	,999	,999	,999	,999	,999	,999	,999	,999	,999

Verteilungsfunktion: $\mathbb{P}(t_\nu \leq t) =$ 1-TVERT(t;ν;1)

Man beachte, dass es keine direkte Dichtefunktion in den Tabellenkalkulationsprogrammen gibt. Wird als letzter Parameter 2 statt 1 gewählt, so gilt

Verteilungsfunktion: $\mathbb{P}(-t \leq t_\nu \leq t) =$
1-TVERT(t;ν;2)

Quantile: $Q_p =$ TINV($2 - 2p$;ν)

p-Quantile der Student-t-Verteilung

$p\backslash\nu$	1	2	3	4	5	6	7	8	9	10
0,75	1,000	0,816	0,765	0,741	0,727	0,718	0,711	0,706	0,703	0,700
0,90	3,078	1,886	1,638	1,533	1,476	1,440	1,415	1,397	1,383	1,372
0,95	6,314	2,920	2,353	2,132	2,015	1,943	1,895	1,860	1,833	1,812
0,975	12,706	4,303	3,182	2,776	2,571	2,447	2,365	2,306	2,262	2,228
0,990	31,821	6,965	4,541	3,747	3,365	3,143	2,998	2,896	2,821	2,764
0,995	63,657	9,925	5,841	4,604	4,032	3,707	3,499	3,355	3,250	3,169

$p\backslash\nu$	11	12	13	14	15	16	17	18	19	20
0,75	0,697	0,695	0,694	0,692	0,691	0,690	0,689	0,688	0,688	0,687
0,90	1,363	1,356	1,350	1,345	1,341	1,337	1,333	1,330	1,328	1,325
0,95	1,796	1,782	1,771	1,761	1,753	1,746	1,740	1,734	1,729	1,725
0,975	2,201	2,179	2,160	2,145	2,131	2,120	2,110	2,101	2,093	2,086
0,990	2,718	2,681	2,650	2,624	2,602	2,583	2,567	2,552	2,539	2,528
0,995	3,106	3,055	3,012	2,977	2,947	2,921	2,898	2,878	2,861	2,845

$p\backslash\nu$	21	22	23	24	25	26	27	28	29	30
0,75	0,686	0,686	0,685	0,685	0,684	0,684	0,684	0,683	0,683	0,683
0,90	1,323	1,321	1,319	1,318	1,316	1,315	1,314	1,313	1,311	1,310
0,95	1,721	1,717	1,714	1,711	1,708	1,706	1,703	1,701	1,699	1,697
0,975	2,080	2,074	2,069	2,064	2,060	2,056	2,052	2,048	2,045	2,042
0,990	2,518	2,508	2,500	2,492	2,485	2,479	2,473	2,467	2,462	2,457
0,995	2,831	2,819	2,807	2,797	2,787	2,779	2,771	2,763	2,756	2,750

Chi-Quadrat-Verteilung

Es wird ein Parameter

$\nu \in \mathbb{N}$	Freiheitsgrad

festgelegt. Sind nun ν unabhängige und identisch verteilten Standardnormalverteilungen $X_i \sim N(0;1)$ gegeben, dann ist die Summe der Quadrate dieser Zufallsvariablen chi-quadrat-verteilt mit Parameter ν. Die Wahrscheinlichkeitsdichte dieser Verteilung ist

$$f(x) = \frac{x^{\frac{\nu}{2}-1} e^{\frac{-x}{2}}}{2^{\frac{\nu}{2}} \Gamma\left(\frac{\nu}{2}\right)} \text{ für } x > 0 \text{ und } 0 \text{ sonst.}$$

Für χ^2_ν gilt

$\mathbb{E}(\chi^2_\nu) = \nu$	ist der Erwartungswert und
$\mathbb{V}(\chi^2_\nu) = 2\nu$	ist die Varianz für $\nu \geq 2$.

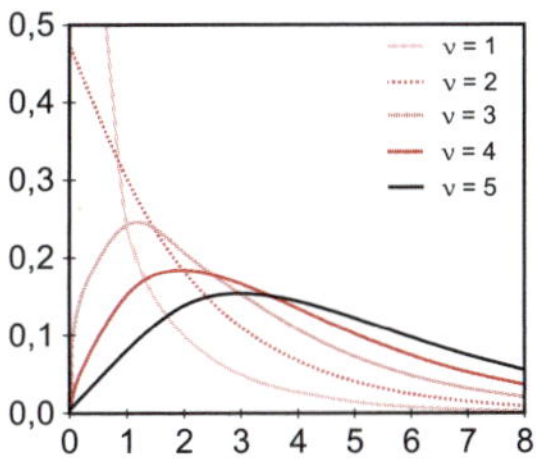

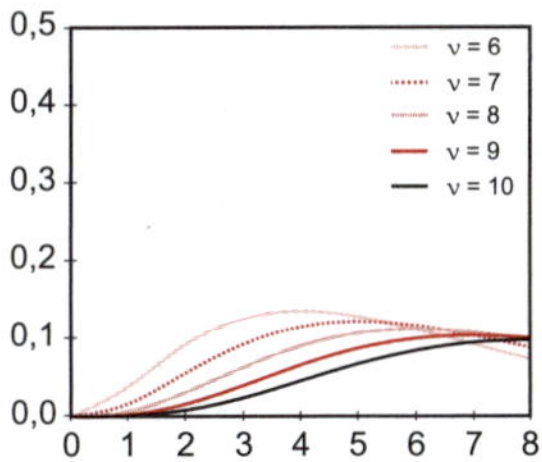

Auf den nächsten Seiten werden in drei Tabellen Werte der Verteilungsfunktion $\left(\mathbb{P}\left(\chi^2_\nu \leq x\right)\right)$ für die Freiheitsgrade ν von 1 bis 30 angegeben. Die Auswahl der x-Werte ist jeweils angepasst. In zwei Tabellen sind wichtige p-Quantile aufgelistet.

Chi-Quadrat-Verteilung $\nu \leq 10,\ 0{,}5 \leq x \leq 25{,}0$

$x\backslash\nu$	1	2	3	4	5	6	7	8	9	10
0,5	0,520	0,221	0,081	0,026	0,008	0,002	0,001	0,000	0,000	0,000
1,0	0,683	0,393	0,199	0,090	0,037	0,014	0,005	0,002	0,001	0,000
1,5	0,779	0,528	0,318	0,173	0,087	0,041	0,018	0,007	0,003	0,001
2,0	0,843	0,632	0,428	0,264	0,151	0,080	0,040	0,019	0,009	0,004
2,5	0,886	0,713	0,525	0,355	0,224	0,132	0,073	0,038	0,019	0,009
3,0	0,917	0,777	0,608	0,442	0,300	0,191	0,115	0,066	0,036	0,019
3,5	0,939	0,826	0,679	0,522	0,377	0,256	0,165	0,101	0,059	0,033
4,0	0,954	0,865	0,739	0,594	0,451	0,323	0,220	0,143	0,089	0,053
5,0	0,975	0,918	0,828	0,713	0,584	0,456	0,340	0,242	0,166	0,109
6,0	0,986	0,950	0,888	0,801	0,694	0,577	0,460	0,353	0,260	0,185
7,0	0,992	0,970	0,928	0,864	0,779	0,679	0,571	0,463	0,363	0,275
8,0	0,995	0,982	0,954	0,908	0,844	0,762	0,667	0,567	0,466	0,371
9,0	0,997	0,989	0,971	0,939	0,891	0,826	0,747	0,658	0,563	0,468
10,0	0,998	0,993	0,981	0,960	0,925	0,875	0,811	0,735	0,650	0,560
11,0	0,999	0,996	0,988	0,973	0,949	0,912	0,861	0,798	0,724	0,642
12,0	0,999	0,998	0,993	0,983	0,965	0,938	0,899	0,849	0,787	0,715
13,0	1,000	0,998	0,995	0,989	0,977	0,957	0,928	0,888	0,837	0,776
14,0	1,000	0,999	0,997	0,993	0,984	0,970	0,949	0,918	0,878	0,827
15,0	1,000	0,999	0,998	0,995	0,990	0,980	0,964	0,941	0,909	0,868
20,0	1,000	1,000	1,000	1,000	0,999	0,997	0,994	0,990	0,982	0,971
25,0	1,000	1,000	1,000	1,000	1,000	1,000	0,999	0,998	0,997	0,995

p-Quantile für $1 \leq \nu \leq 16$

$\nu\backslash p$	0,005	0,010	0,025	0,050	0,100	0,250
1	7,88	6,64	5,02	3,84	2,71	1,32
2	10,60	9,21	7,38	5,99	4,61	2,77
3	12,84	11,35	9,35	7,82	6,25	4,11
4	14,86	13,28	11,14	9,48	7,78	5,39
5	16,75	15,09	12,83	11,07	9,24	6,63
6	18,55	16,81	14,45	12,59	10,65	7,84
7	20,28	18,48	16,01	14,07	12,02	9,04
8	21,96	20,09	17,54	15,51	13,36	10,22
9	23,59	21,67	19,02	16,92	14,68	11,39
10	25,19	23,21	20,48	18,31	15,99	12,55
11	26,75	24,73	21,92	19,68	17,28	13,70
12	28,30	26,22	23,34	21,03	18,55	14,85
13	29,82	27,69	24,74	22,36	19,81	15,98
14	31,32	29,14	26,12	23,69	21,06	17,12
15	32,80	30,58	27,49	25,00	22,31	18,25
16	34,27	32,00	28,85	26,30	23,54	19,37

Chi-Quadrat-Verteilung $11 \leq \nu \leq 20$, $5{,}0 \leq x \leq 40{,}0$

$x \backslash \nu$	11	12	13	14	15	16	17	18	19	20
5,0	0,069	0,042	0,025	0,014	0,008	0,004	0,002	0,001	0,001	0,000
6,0	0,127	0,084	0,054	0,034	0,020	0,012	0,007	0,004	0,002	0,001
7,0	0,201	0,142	0,098	0,065	0,042	0,027	0,016	0,010	0,006	0,003
8,0	0,287	0,215	0,156	0,111	0,076	0,051	0,033	0,021	0,013	0,008
9,0	0,378	0,297	0,227	0,169	0,122	0,087	0,060	0,040	0,027	0,017
10,0	0,470	0,384	0,306	0,238	0,180	0,133	0,096	0,068	0,047	0,032
11,0	0,557	0,471	0,389	0,314	0,247	0,191	0,143	0,106	0,076	0,054
12,0	0,636	0,554	0,472	0,394	0,321	0,256	0,200	0,153	0,114	0,084
13,0	0,707	0,631	0,552	0,473	0,398	0,327	0,264	0,208	0,161	0,123
14,0	0,767	0,699	0,626	0,550	0,474	0,401	0,333	0,271	0,216	0,170
15,0	0,818	0,759	0,693	0,622	0,549	0,475	0,405	0,338	0,277	0,224
16,0	0,859	0,809	0,751	0,687	0,618	0,547	0,476	0,407	0,343	0,283
17,0	0,892	0,850	0,801	0,744	0,681	0,614	0,546	0,477	0,410	0,347
18,0	0,918	0,884	0,842	0,793	0,737	0,676	0,611	0,544	0,478	0,413
19,0	0,939	0,911	0,877	0,835	0,786	0,731	0,671	0,608	0,543	0,478
20,0	0,955	0,933	0,905	0,870	0,828	0,780	0,726	0,667	0,605	0,542
21,0	0,967	0,950	0,927	0,898	0,863	0,821	0,774	0,721	0,663	0,603
22,0	0,976	0,962	0,945	0,921	0,892	0,857	0,815	0,768	0,716	0,659
23,0	0,982	0,972	0,958	0,940	0,916	0,886	0,851	0,809	0,763	0,711
24,0	0,987	0,980	0,969	0,954	0,935	0,910	0,881	0,845	0,804	0,758
25,0	0,991	0,985	0,977	0,965	0,950	0,930	0,905	0,875	0,839	0,799
26,0	0,994	0,989	0,983	0,974	0,962	0,946	0,926	0,900	0,870	0,834
27,0	0,995	0,992	0,988	0,981	0,971	0,959	0,942	0,921	0,895	0,865
28,0	0,997	0,994	0,991	0,986	0,978	0,968	0,955	0,938	0,917	0,891
29,0	0,998	0,996	0,993	0,990	0,984	0,976	0,965	0,952	0,934	0,912
30,0	0,998	0,997	0,995	0,992	0,988	0,982	0,974	0,963	0,948	0,930
35,0	1,000	1,000	0,999	0,999	0,998	0,996	0,994	0,991	0,986	0,980
40,0	1,000	1,000	1,000	1,000	1,000	0,999	0,999	0,998	0,997	0,995

Verteilungsfunktion: $\mathbb{P}(\chi^2_\nu \leq x) =$ `1-CHIVERT(`x`;`ν`)`

Man beachte, dass es keine direkte Dichtefunktion in den Tabellenkalkulationsprogrammen gibt.

Quantile: $Q_p =$ `CHINV(`p`;`ν`)`

Chi-Quadrat-Verteilung $21 \leq \nu \leq 30$, $5{,}0 \leq x \leq 50{,}0$

$x \backslash \nu$	21	22	23	24	25	26	27	28	29	30
10,0	0,021	0,014	0,009	0,005	0,003	0,002	0,001	0,001	0,000	0,000
15,0	0,177	0,138	0,105	0,079	0,059	0,043	0,031	0,022	0,015	0,010
20,0	0,479	0,417	0,358	0,303	0,253	0,208	0,169	0,136	0,107	0,083
21,0	0,541	0,479	0,419	0,361	0,307	0,258	0,214	0,175	0,141	0,112
22,0	0,600	0,540	0,480	0,421	0,364	0,311	0,263	0,219	0,180	0,146
23,0	0,656	0,598	0,539	0,480	0,422	0,367	0,315	0,267	0,223	0,185
24,0	0,707	0,653	0,596	0,538	0,481	0,424	0,370	0,318	0,271	0,228
25,0	0,753	0,703	0,650	0,594	0,538	0,481	0,426	0,372	0,322	0,275
26,0	0,794	0,748	0,699	0,647	0,592	0,537	0,481	0,427	0,375	0,325
27,0	0,829	0,789	0,744	0,696	0,644	0,591	0,536	0,482	0,428	0,377
28,0	0,860	0,824	0,784	0,740	0,692	0,642	0,589	0,536	0,482	0,430
29,0	0,886	0,855	0,820	0,780	0,736	0,689	0,639	0,587	0,535	0,482
30,0	0,908	0,882	0,851	0,815	0,776	0,732	0,686	0,637	0,586	0,534
31,0	0,926	0,904	0,877	0,846	0,811	0,772	0,729	0,683	0,635	0,585
32,0	0,941	0,923	0,900	0,873	0,842	0,807	0,768	0,725	0,680	0,632
33,0	0,954	0,938	0,919	0,896	0,869	0,838	0,803	0,764	0,722	0,677
34,0	0,964	0,951	0,935	0,915	0,892	0,865	0,834	0,799	0,761	0,719
35,0	0,972	0,961	0,948	0,932	0,912	0,888	0,861	0,830	0,795	0,757
36,0	0,978	0,970	0,959	0,945	0,928	0,908	0,885	0,857	0,826	0,792
37,0	0,983	0,976	0,967	0,956	0,942	0,925	0,905	0,881	0,854	0,823
38,0	0,987	0,982	0,975	0,965	0,954	0,939	0,922	0,902	0,878	0,850
39,0	0,990	0,986	0,980	0,973	0,963	0,951	0,937	0,919	0,898	0,874
40,0	0,993	0,989	0,985	0,979	0,971	0,961	0,949	0,934	0,916	0,895
45,0	0,998	0,997	0,996	0,994	0,992	0,988	0,984	0,978	0,971	0,961
50,0	1,000	0,999	0,999	0,999	0,998	0,997	0,995	0,994	0,991	0,988

p-Quantile für $17 \leq \nu \leq 30$

$\nu \backslash p$	0,005	0,010	0,025	0,050	0,100	0,250
17	35,72	33,41	30,19	27,59	24,77	20,49
18	37,16	34,81	31,53	28,87	25,99	21,61
19	38,58	36,19	32,85	30,14	27,20	22,72
20	40,00	37,57	34,17	31,41	28,41	23,83
21	41,40	38,93	35,48	32,67	29,62	24,94
22	42,80	40,29	36,78	33,92	30,81	26,04
23	44,18	41,64	38,08	35,17	32,01	27,14
24	45,56	42,98	39,36	36,42	33,20	28,24
25	46,93	44,31	40,65	37,65	34,38	29,34
26	48,29	45,64	41,92	38,89	35,56	30,44
27	49,65	46,96	43,20	40,11	36,74	31,53
28	50,99	48,28	44,46	41,34	37,92	32,62
29	52,34	49,59	45,72	42,56	39,09	33,71
30	53,67	50,89	46,98	43,77	40,26	34,80

Grenzwertsätze

Im ganzen Abschnitt wird wieder ein Wahrscheinlichkeitsraum $(\Omega, \mathfrak{P}(\Omega), \mathbb{P})$ zu Grunde gelegt. Aus der klassischen Analysis können die Techniken der Konvergenz von Folgen $(p_n)_{n\in\mathbb{N}}$ verwendet werden, wenn es sich dabei beispielsweise um Wahrscheinlichkeiten handelt. Für eine Folge von Zufallsvariablen ist es allerdings notwendig, die Begrifflichkeiten zu erweitern. Es stellt sich die Frage nach dem Grenzwertverhalten unter Berücksichtigung des Zufalls.

Schwaches Gesetz der großen Zahl

Ist $(X_i)_{i\in\mathbb{N}}$ eine Folge von identisch verteilten, paarweise unkorrelierten Zufallsvariablen auf einem Wahrscheinlichkeitsraum $(\Omega, \mathfrak{P}(\Omega), \mathbb{P})$ mit $\mathbb{E}(X_i) = \mu \in \mathbb{R}$ und $\mathbb{V}(X_i) = \sigma^2 \in \mathbb{R}$, so gilt für alle reellen Zahlen $\epsilon > 0$

$$\mathbb{P}\left(\left|\frac{1}{n}\sum_{i=1}^{n} X_i - \mu\right| \geq \epsilon\right) \leq \frac{\sigma^2}{n\epsilon^2} \longrightarrow_{n\to\infty} 0.$$

Dieses schwache Gesetz der großen Zahl sagt also aus, dass mit großer Wahrscheinlichkeit der Mittelwert nahe am Erwartungswert liegt. Man sagt auch, dass $\frac{1}{n}\sum_{i=1}^{n} X_i$ stochastisch oder nach Wahrscheinlichkeit gegen μ konvergiert und schreibt $\frac{1}{n}\sum_{i=1}^{n} X_i \xrightarrow{P} X$.

Beispiel

Monte-Carlo-Integration: Zur Berechnung des numerischen Werts eines Integrals $\int_0^1 f(x)\,dx$ einer integrierbaren Funktion $f : [0; 1] \to [0; c]$ kann man mit dem Zufall arbeiten. Für unabhängige, auf $[0; 1]$

gleichverteilte Zufallsvariablen $(X_i)1 \leq i \leq n$ gilt

$$\mathbb{P}\left(\left|\frac{1}{n}\sum_{i=1}^{n} f(X_i) - \int_0^1 f(x)\,\mathrm{d}x\right| \geq \epsilon\right) \leq \frac{c^2}{n\epsilon^2}.$$

Für zufällige Werte und großes n liegt also der Mittelwert der Funktionswerte nahe am Wert des Integrals.

Starkes Gesetz der großen Zahl

Zum wichtigen schwachen Gesetz der großen Zahl gibt es viele Varianten: Verschärfungen und Abschwächungen der Bedingungen. Eine Folge $(X_n)_{n\in\mathbb{N}}$ von Zufallsvariablen konvergiert fast sicher gegen eine Zufallsvariable X, falls die Menge der Punkte aus Ω, für die keine Konvergenz als reelle Zahlenfolge vorliegt, ein Nullmenge ist, d.h. $\mathbb{P}\left(\omega \in \Omega : \lim_{n\to\infty} X_n(\omega) = X(\omega)\right) = 1$. Man schreibt $X_n \xrightarrow{f.s} X$. Aus der fast sicheren Konvergenz folgt die Konvergenz nach Wahrscheinlichkeit. Die Umkehrung gilt nicht.

Ist $(X_i)_{i\in\mathbb{N}}$ eine Folge von identisch verteilten, paarweise unkorrelierten Zufallsvariablen auf einem Wahrscheinlichkeitsraum $(\Omega, \mathfrak{P}(\Omega), \mathbb{P})$ mit $\mathbb{E}(X_i) = \mu \in \mathbb{R}$ und $\mathbb{V}(X_i) = \sigma^2 \in \mathbb{R}$, so gilt

$$\frac{1}{n}\sum_{i=1}^{n} X_i \xrightarrow{f.s} \mu.$$

Grenzwertsätze von de Moivre und Laplace

Der allgemeine Grenzwertsatz von de Moivre und Laplace macht eine Aussage über die Verteilung binomialverteilter Zufallsvariablen. Sei $p \in]0;1[$. Die Verteilungen binomialverteilter Zufallsvariablen $(B_{n,p})_{n\in\mathbb{N}}$ nähert sich mit wachsendem n der Normalverteilung mit $\mu = np$ und $\sigma = \sqrt{np(1-p)}$ an. Es gilt die

Faustregel: $n > \frac{9}{p(1-p)}, k \in \mathbb{N} \Rightarrow$

$$\mathbb{P}(B_{n,p} \leq k) \approx \mathbb{P}(X_{np,\sqrt{np(1-p)}} \leq k).$$

Beispiel

Das Galtonsche Nagelbrett realisiert diesen Satz experimentell. Im Bild sind $n = 12$ Nagelreihen zu sehen. Trifft ein Ball auf einen Nagel, so wird mit Wahrscheinlichkeit $p = 0{,}5$ entweder nach links oder nach rechts abgelenkt. Das durch die Auffangbehälter dargestellte Säulendiagramm nähert sich für $n \to \infty$ der Normalverteilung an.

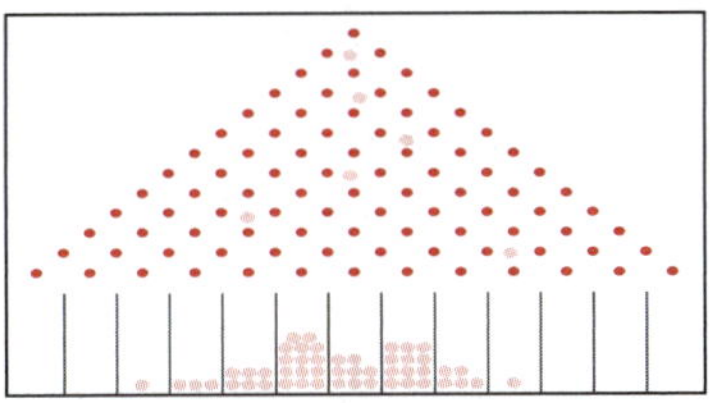

Bei der Berechnung von Wahrscheinlichkeiten der Binomialverteilung für große n tritt folgendes Problem auf: Die Zwischenergebnisse der Binomialkoeffizienten $\binom{n}{k}$ sind sehr große natürlichen Zahlen. Sie werden dann mit sehr kleinen reellen Zahlen p^k und $(1-p)^{n-k}$ multipliziert, was bei nicht exaktem Rechnen mit Gleitkommazahlen zu Rundungsfehlern führen kann. Man ersetzt daher die Binomialverteilung approximativ durch die Normalverteilung gemäß des allgemeinen Grenzwertsatzes von de Moivre und Laplace.

Will man die Flächen direkt vergleichen, dann ist im Falle der Binomialverteilung für jeden Wert k ein Rechteck mit Seitenlänge 1 von $k - 0{,}5$ bis $k + 0{,}5$ und Höhe $\mathbb{P}(B_{n;p} = k)$ zu zeichnen. Nach dem allgemeinen Grenzwertsatz hat dieses Histogramm approximativ die gleiche Fläche wie der Wert von $\int_{k-0{,}5}^{k+0{,}5} f_{np;\sqrt{np(1-p)}}(x)\,\mathrm{d}x$. Diese notwendige Erweiterung des Integrationsbereichs links um $-0{,}5$ und rechts um $0{,}5$ nennt man Stetigkeitskorrektur.

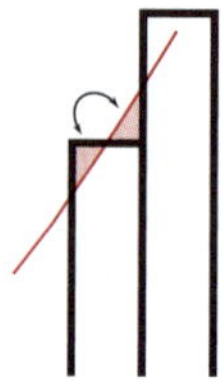

Beispiel

Es gilt $n = 200 > \frac{9}{0{,}35 \cdot 0{,}65}$. Wir berechnen beispielhaft die Wahrscheinlichkeit $\mathbb{P}\left(60 \leq B_{200;0{,}35} \leq 70\right)$. Es gilt $\mu = 0{,}35 \cdot 200 = 70$ und $\sigma = \sqrt{0{,}35 \cdot 0{,}65 \cdot 200} \approx 6{,}7454$. Direktes Auswerten der Formel $\sum_{k=60}^{70} \binom{200}{k} 0{,}35^k 0{,}65^{200-k} \approx 0{,}474102$ ist zu vergleichen mit der Berechnung des Integrals

$$\begin{aligned}
\int_{59{,}5}^{70{,}5} & f_{70;6{,}7454}(x)\,\mathrm{d}x = F_{70;6{,}7454}(70{,}5) - F_{70;6{,}7454}(59{,}5) \\
\approx\ & F_{0;1}(0{,}074) - F_{0;1}(-1{,}557) \\
=\ & F_{0;1}(0{,}074) - (1 - F_{0;1}(1{,}557)) \\
=\ & 0{,}6 \cdot F_{0;1}(0{,}07) + 0{,}4 \cdot F_{0;1}(0{,}08) \\
& \quad -(1 - 0{,}3 \cdot F_{0;1}(1{,}55) - 0{,}7 \cdot F_{0;1}(1{,}56)) \\
\approx\ & 0{,}28183 + 0{,}65843 - (1 - 0{,}31674 - 0{,}21275) \\
\approx\ & 0{,}469757.
\end{aligned}$$

Die Berechnung erfolgte unter der Verwendung von linearer Interpolation und der Tabelle auf Seite 79.

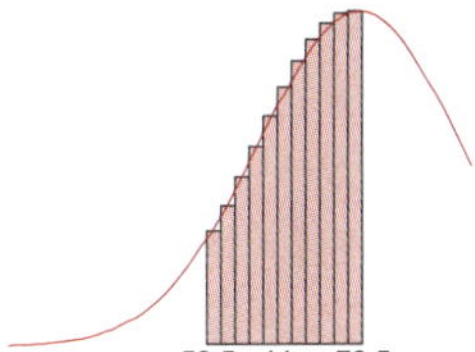

Obgleich auf diese Weise Dichtefunktionen für stetige Zufallsvariablen die Wahrscheinlichkeitsfunktionen, dargestellt als Histogramme der Seitenlänge 1, verallgemeinern, können doch i.A. die Werte der Dichtefunktion nicht als Wahrscheinlichkeiten gedeutet werden, da beispielsweise für alle $x \in \mathbb{R}$ die Beziehung $\mathbb{P}(X_{\mu,\sigma} = x) = 0 \neq f_{\mu;\sigma}(x)$ gilt. Der lokale Grenzwertsatz von de Moivre und Laplace macht nun aber die Aussage, dass Entsprechendes für die Wahrscheinlichkeiten der Binomialverteilung gilt.

Sei $p \in]0;1[$. Für jedes $k \in \mathbb{N}$ nähern sich die Wahrscheinlichkeiten $\mathbb{P}(B_{n,p} = k)$ binomialverteilter Zufallsvariablen mit wachsendem n dem Wert der Dichtefunktion $f_{np,\sqrt{np(1-p)}}(k)$ der Normalverteilung mit $\mu = np$ und $\sigma = \sqrt{np(1-p)}$ an. Es gilt die

Faustregel: $n > \frac{9}{p(1-p)}, k \in \mathbb{N} \Rightarrow$
$$\mathbb{P}(B_{n,p} = k) \approx f_{np,\sqrt{np(1-p)}}(k).$$

Beispiel

$\mathbb{P}(B_{1000;0,4} = 400) = \binom{1000}{400} 0{,}4^{400} 0{,}6^{600} \approx 0{,}0257448$ und $f_{400;4\sqrt{15}}(400) \approx 0{,}0257516$.

Poisson'scher Grenzwertsatz

Sei $0 < \lambda \in \mathbb{R}$ gegeben und $p_n := \frac{\lambda}{n}$ für $1 \leq n \in \mathbb{N}$. Die Folge der Wahrscheinlichkeiten $\mathbb{P}(B_{n,p_n} = k)$ konvergiert gegen die Wahrscheinlichkeit $\mathbb{P}(P_\lambda = k)$. Für diesen Poisson'schen Grenzwertsatz gibt es eine

> Faustregel: $n > 50; p < 0{,}05 \Rightarrow$
> $\mathbb{P}(P_\lambda = k) \approx \mathbb{P}(B_{n,p} = k)$.

Beispiel

$\mathbb{P}(B_{300;0,04} = 16) = \binom{300}{16} 0{,}04^{16} 0{,}96^{284} \approx 0{,}0542652$ und $\mathbb{P}(P_{12} = 16) = e^{-12} \frac{12^{16}}{16!} \approx 0{,}0542933$.

Zentraler Grenzwertsatz

Standardisiert man die Summe $\sum_{i=1}^{n} X_i$ von stochastisch unabhängigen Zufallsvariablen $(X_i)_{i\in\mathbb{N}}$ mit $\mathbb{E}(X_i) = \mu \in \mathbb{R}$ und $\mathbb{V}(X_i) = \sigma^2 \in \mathbb{R}$ zu $Z_n := \frac{\sum_{i=1}^{n} X_i - n\mu}{\sigma\sqrt{n}}$ so konvergiert die Folge der Verteilungen der Zufallsvariablen $(Z_n)_{n\in\mathbb{N}}$ gegen die Standardnormalverteilung. Es gilt die

> Faustregel: $n > 30, x \in \mathbb{R} \Rightarrow$
> $\mathbb{P}\left(\sum_{i=1}^{n} X_i \leq x\right) \approx \mathbb{P}\left(X_{n\mu;\sqrt{n}\sigma} \leq x\right)$.

Der Name dieses zentralen Grenzwertsatzes (ZGS) drückt seine Bedeutung aus! Man beachte, dass keine Voraussetzung über den Verteilungstyp der Zufallsvariablen X_i gefordert werden muss. Liegen allerdings Binomialverteilungen vor, so ergibt sich als Spezialfall der allgemeine Grenzwertsatz von de Moivre und Laplace, siehe Seite 91.

Beispiel

Ein Restaurant bewirtet am Abend 200 Gäste. Der Rechnungsbetrag des i-ten Gastes in Euro werde durch die Zufallsvariable X_i beschrieben. Aus der Erfahrung des Wirts ist bekannt, dass im Mittel der Umsatzes je Gast bei 27 € liegt und die Standardabweichung dabei 11 € beträgt. Mit welcher Wahrscheinlichkeit kann ein Tagesumsatz von mehr als 5700 € erzielt werden? Unter der Annahme, dass die Einzelrechnungen unabhängig und identisch verteilt sind, ist der Abendumsatz $Y = \sum_{i=1}^{200} X_i$ annähernd normalverteilt, d.h. $Y \sim N(200 \cdot 27; \sqrt{200} \cdot 11) = N(5400; 155{,}56)$ und damit $\mathbb{P}(X_{5400;155{,}56} \geq 5700) \approx \mathbb{P}(X_{0;1} \geq 1{,}93) \approx 1 - 0{,}97320 = 0{,}02680$.

Anwendung auf Stichproben

Stichproben

Zugrunde gelegt ist folgendes Modell: Ein numerisches Merkmal eines zufällig ausgewählten Individuums i aus einer Population wird als beobachteter, zufälliger Wert einer Zufallsvariablen X_i betrachtet. Die Realisation von Werten eines Stichprobenvektors $(X_1; \dots ; X_n)$ der Länge n heißt eine Stichprobe vom Umfang n.

Als Verteilung der Zufallsvariablen X_i wird die Verteilung der interessierenden Werte in der Gesamtpopulation angenommen. Dies ist insbesondere dann der Fall, wenn ein Modell des Ziehens mit Zurücklegens zugrunde liegt. Die Zufallsvariablen sind in diesem Fall identisch verteilt und modellieren die Gesamtverteilung des Merkmals in der Population. Man nimmt an, dass sie unabhängig[10] sind.

Bei einem Modell des Ziehens ohne Zurücklegen sind besondere Vorkehrungen zu treffen. Wird nun zufällig eine Teilmenge von n Individuen gezogen, kann als neue Zufallsvariable der Mittelwert $\overline{X} := \frac{1}{n}\sum_{i=1}^{n} X_i$ betrachtet werden. Auch jede andere Maßzahl, die sich aus den n Zufallswerten berechnen lässt, kann verwendet werden. Hat jedes Individuum die gleiche Chance, in die Teilmenge aufgenommen zu werden, so spricht man von einer reinen Stichprobe. Die Verteilung der Maßzahl, ermittelt aus allen möglichen Stichproben vom Umfang n, wird als Stichprobenverteilung einer Maßzahl bezeichnet. Sie ist die Verteilung derjenigen Zufallsvariablen, die als beobachteten Wert der Realisierung des Zufallsexperiments eine reine Stichprobe vom Umfang n ermittelt und damit die Maßzahl berechnet. Der zentrale Grenzwertsatz wird in Abhängigkeit von n auf diese Stichprobenverteilung angewandt, um den Verteilungstyp beim Grenzübergang zu ermitteln.

[10] Ein Gegenargument wie eineiige Zwillinge wird i.A. vernachlässigt.

Stichprobenverteilung der Maßzahl Mittelwert

Sei μ der Mittelwert der Größen eines numerischen Merkmals der Individuen einer Population. Die Stichprobenverteilungen der Mittelwerte $\overline{X_n} := \frac{1}{n}\sum_{i=1}^{n} X_i$ aus zufälligen Stichproben $(X_i)_{1\leq i\leq n}$ vom Umfang n in einer Population mit $\mathbb{E}(X_i) = \mu \in \mathbb{R}$ und $\mathbb{V}(X_i) = \sigma^2 \in \mathbb{R}$ nähern sich mit wachsendem n der Normalverteilung mit Mittelwert μ und Standardabweichung $\frac{\sigma}{\sqrt{n}}$: Geschieht die Zufallsauswahl der Stichprobe aus einer Population vom Umfang N ohne Zurücklegen, dann ist die Standardabweichung $\sigma_{\overline{X_n}}$ mit dem Endlichkeitskorrekturfaktor – vergleiche Seite 74 – zu modifizieren, falls nicht $\frac{n}{N} \leq 0{,}05$ gilt:

Faustregel: $\frac{n}{N} > 0{,}05 \Rightarrow$

$$\sigma_{\overline{X_n}} = \frac{\sigma}{\sqrt{n}} \cdot \sqrt{\frac{N-n}{N-1}}.$$

Es gilt die

Faustregel: $n > 30, x \in \mathbb{R} \Rightarrow$

$$\mathbb{P}\left(\frac{1}{n}\sum_{i=1}^{n} X_i \leq x\right) \approx \mathbb{P}\left(X_{\mu;\frac{\sigma}{\sqrt{n}}} \leq x\right).$$

Ist die Standardabweichung σ in der Gesamtpopulation nicht bekannt, dann kann sie aus der Stichprobe z.B. mit der erwartungstreuen Schätzfunktion – siehe Seite 104 –

$$\widehat{\sigma} = \sqrt{\frac{1}{n-1}\sum_{i=1}^{n}(X_i - \mu)^2}$$

geschätzt werden, die im Falle einer Stichprobe ohne Zurücklegen mit einem Endlichkeitskorrekturfaktor

$$\widehat{\sigma} = \sqrt{\frac{1}{n-1}\sum_{i=1}^{n}(X_i-\mu)^2 \cdot \left(1-\frac{n}{N}\right)}$$

modifiziert werden muss, falls $\frac{n}{N} > 0{,}05$ ist. Wird die Standardabweichung geschätzt, dann folgt die standardisierte Größe $\frac{\overline{X_n}-\mu}{\frac{\widehat{\sigma}}{\sqrt{n}}}$ einer Student-t-Verteilung mit Freiheitsgrad $\nu = n-1$:

$$\mathbb{P}\left(\frac{\overline{X_n}-\mu}{\frac{\widehat{\sigma}}{\sqrt{n}}} \leq x\right) \approx \mathbb{P}\left(t_{n-1} \leq x\right).$$

Stichprobenverteilung der Differenzen zweier Mittelwerte

Die Verteilungen der Folge der Differenzen $D_{\overline{X},n_1,n_2}$ des Mittelwerts $\overline{X_1}$ einer zufälligen Stichprobe $(X_{i,1})_{1\leq i\leq n_1}$ vom Umfang n_1 aus einer ersten Population und des Mittelwerts $\overline{X_2}$ einer zweiten unabhängigen und zufälligen Stichprobe $(X_{i,2})_{1\leq i\leq n_2}$ vom Umfang n_2 aus einer zweiten Population $\mathbb{E}(X_{i,1}) = \mu_1$, $\mathbb{E}(X_{i,2}) = \mu_2$, $\sigma(X_{i,1}) = \sigma_1 \in \mathbb{R}$ und mit $\sigma(X_{i,2}) = \sigma_2 \in \mathbb{R}$ nähert sich mit wachsendem n_1, n_2 der Normalverteilung mit Mittelwert $\mu_1 - \mu_2$ und Standardabweichung $\sqrt{\frac{\sigma_1^2}{n_1}+\frac{\sigma_2^2}{n_2}}$ an. Es gilt die

Faustregel: $n_1, n_2 > 30$, $d \in \mathbb{R} \Rightarrow$

$$\mathbb{P}(D_{\overline{X},n_1,n_2} \leq d) \approx \mathbb{P}\left(X_{\mu_1-\mu_2;\sqrt{\frac{\sigma_1^2}{n_1}+\frac{\sigma_2^2}{n_2}}} \leq d\right).$$

Stichprobenverteilung des Anteilswerts

Sei π der Anteil der Individuen einer Population, die eine gewisse binäre Eigenschaft besitzt. Die Folge der Verteilungen der Anteilswerte $P_n := \frac{1}{n} |\{i : X_i = 1, 1 \leq i \leq n\}|$ auf zufälligen Stichproben $(X_i)_{1\leq i\leq n}$ von Zufallsvariablen mit Werten 0 – falls die Eigenschaft nicht vorliegt – und 1 – falls sie vorliegt – vom Umfang n nähert sich mit wachsendem n der Normalverteilung mit Mittelwert π und Standardabweichung $\sqrt{\frac{\pi(1-\pi)}{n}}$ an: Es gilt die

Faustregel: $n > \frac{9}{\pi(1-\pi)}, x \in \mathbb{R} \Rightarrow$

$$\mathbb{P}(P_n \leq x) \approx \mathbb{P}\left(X_{\pi;\sqrt{\frac{\pi(1-\pi)}{n}}} \leq x\right).$$

Stichprobenverteilung der Differenzen zweier Anteilwerte

In Analogie zur Situation auf der Seite 98 kann auch für die Situation zweier Anteilswerte π_1 und π_2, ermittelt auf zwei Stichproben von Umfang n_1 und n_2, eine Aussage für die Differenz D_{P,n_1,n_2} formuliert werden. Es gilt die

Faustregel: $n_i > \frac{9}{\pi_i(1-\pi_i)}, d \in \mathbb{R} \Rightarrow$

$$\mathbb{P}(D_{P,n_1,n_2} \leq d) \approx$$

$$\mathbb{P}\left(X_{\pi_1-\pi_2;\sqrt{\frac{\pi_1(1-\pi_1)}{n_1}+\frac{\pi_2(1-\pi_2)}{n_2}}} \leq d\right).$$

Stichprobenverteilung der Standardabweichung

In einer Population sei σ die Standardabweichung einer normalverteilten (!) Maßzahl X. Die Folge der Stichprobenverteilungen der Standardabweichung S_n auf zufälligen Stichproben $(X_i)_{1\leq i\leq n}$ vom Umfang n aus einer Population mit normalverteilter Größe X und $\sigma(X_i) = \sigma \in \mathbb{R}$ nähert sich mit wachsendem n der Normalverteilung mit Mittelwert σ und Standardabweichung $\frac{\sigma}{\sqrt{2n}}$ an: Es gilt die

Faustregel: $n > 100, s \in \mathbb{R} \Rightarrow$

$$\mathbb{P}(S \leq s) \approx \mathbb{P}\left(X_{\sigma;\frac{\sigma}{\sqrt{2n}}} \leq s\right).$$

Stichprobenverteilung der Differenzen zweier Standardabweichungen

In zwei Populationen seien σ_1 und σ_2 die Standardabweichungen einer normalverteilten (!) Maßzahl X. In Analogie zur Situation auf der Seite 98 kann auch für zwei Standardabweichungen σ_1 und σ_2, ermittelt auf zwei Stichproben von Umfang n_1 und n_2, eine Aussage für die Differenz D_{S,n_1,n_2} formuliert werden. Es gilt die

Faustregel: $n_1, n_2 > 100, s \in \mathbb{R} \Rightarrow$

$$\mathbb{P}(D_{S,n_1,n_2} \leq s) \approx \mathbb{P}\left(X_{\sigma_1-\sigma_2;\sqrt{\frac{\sigma_1^2}{2n_1}+\frac{\sigma_2^2}{2n_2}}} \leq s\right).$$

Schätz- und Testtheorie

Schätzfunktion

Parameter oder spezielle Punkte u einer Grundgesamtheit oder Population werden in der Schätzstatistik aus den Daten einer Stichprobe $(X_i)_{1 \leq i \leq n}$ geschätzt. Die geschätzte Größe wird meist mit u' bezeichnet. Vorausgesetzt ist also für dieses Kapitel die Situation einer Stichprobe wie im Abschnitt auf den Seiten 95 und 96 beschrieben.

Man unterscheidet Punktschätzmethoden und Intervallschätzmethoden. Beide Methoden basierend auf nur einer Stichprobe. Die Punktschätzmethode liefert eine einzelne Zahl u', jedoch keine Information über die Abweichung von der unbekannten Größe u. Eine Intervallschätzmethode hingegen liefert für ein gegebenes Konfidenzniveau $1-\alpha$ ein Intervall I_u für die Größe u. Man sagt, dass mit einem Vertrauen oder einer Konfidenz von $1 - \alpha$ die Aussage $u \in I_u$ gilt. Zumeist sind die Methoden dadurch verbunden, dass die mit einer Punktschätzmethode zunächst geschätzte Größe als Mittelpunkt des anzugebenden Intervalls verwendet wird.

Die Abbildung $U' = U'_n : \mathbb{R}^n \to \mathbb{R}, (X_1, X_2, \ldots, X_n) \mapsto u'$, die den je n gemessenen Werten einer Stichprobe eine geschätzte Größe u' zuordnet, heißt Schätzfunktion. Sie ist eine Zufallsvariable.

Momentenmethode

Ist X eine Zufallsvariable und $c \in \mathbb{R}$, dann kann mit[11] $m_{k,c} := \mathbb{E}((X - c)^k)$ das k-te Moment definiert werden. Dieser Begriff verallgemeinert den Mittelwert $\mu := \mathbb{E}(X) = m_{1,0}$ und die Varianz $\mathbb{V}(X) = m_{2,\mu}$.

Die Momentenmethode berechnet nun einfach das Moment auf der Stichprobe $(X_i)_{1 \leq i \leq n}$ als Schätzung $m'_{k,c} = \mathbb{E}((X - c)^k)$ für das entsprechende Moment $m_{k,c}$ der Gesamtpopulation

$$m'_{k,c} := \mathbb{E}((X - c)^k) = \frac{1}{n} \sum_{i=1}^{n} (X_i - c)^k.$$

Maximum-Likelihood-Schätzungen

Im Gegensatz zur Momentenmethode setzt die Maximum-Likelihood-Methode als Punktschätzmethode voraus, dass der Verteilungstyp des untersuchten Merkmals X der Grundgesamtheit bekannt ist! Die zu schätzende, unbekannte Größe u beeinflusst die Zufallsvariablen $X_i = X_i(u)$. Abhängig von den Werten $(x_1; \ldots; x_n)$ einer Stichprobe vom Umfang n ist bei der Maximum-Likelihood-Methode die bedingte Wahrscheinlichkeit

$$L(u|x_1; x_2; \ldots; x_n) = L(u|x) := \mathbb{P}((x_1; x_2; \ldots; x_n)|u)$$

[11] Unter der Voraussetzung, dass die notwendigen Integrierbarkeitsbedingungen gelten.

in Abhängigkeit von u zu maximieren. Die Größe u', für die dieser Wert maximal ist, wird als Schätzgröße verwendet – daher der Name der Methode.

Maximiere $u \mapsto L(u|x) = \mathbb{P}(x_1; x_2; \ldots ; x_n|u)$.

Kriterien für die Güte der Punktschätzung

Liegen verschiedene Schätzungen, d.h. Schätzfunktionen $U'_n = U' : (X_1; X_2; \ldots ; X_n) \mapsto u'$ mit Stichprobenumfang n vor, werden Gütekriterien zum Vergleich benutzt:

u	zu schätzende Größe der Gesamtpopulation,
n	Stichprobenumfang,
$(X_1; X_2; \ldots ; X_n)$	Stichprobe,
$U' : (X_1; X_2; \ldots ; X_n) \mapsto u'$	Schätzfunktion,
$\mathbb{E}(U') = u$	erwartungstreu,
$\mathbb{E}(U') \neq u$	verzerrt,
$\lim_{n\to\infty} \mathbb{E}(U'_n) = u$	asymptotisch erwartungstreu.

Eine erwartungstreue Schätzfunktion für die Standardabweichung ist im Fall von $\mathbb{E}(X_i) = \mu$

$$\widehat{\sigma} = \sqrt{\frac{1}{n-1} \sum_{i=1}^{n} (X_i - \mu)^2}.$$

Schätzung Varianz: $\widehat{\sigma^2} = \mathtt{VARIANZ}(x_1 : x_n)$

Schätzung Standardabweichung: $\widehat{\sigma} = \texttt{STABW}(x_1 : x_n)$

- Konvergiert für $n \to \infty$ die Schätzfunktion U'_n gegen die zu schätzende Größe u, so bezeichnet man die Schätzfunktion als konsistent. Insbesondere nimmt bei einer konsistenten Schätzfunktion mit wachsendem n die Varianz $\mathbb{V}(U'_n)$ ab.

- Eine Schätzfunktion U' ist effizienter als eine andere Schätzfunktion V', falls sie eine kleinere Varianz besitzt: $\mathbb{V}(U') < \mathbb{V}(V')$.

Intervallschätzungen

Unter der Annahme, dass die Stichprobenverteilung der Schätzfunktion $U'_n = U' : \mathbb{R}^n \to \mathbb{R}, (X_1,X_2,\ldots,X_n) \mapsto u'$, für die unbekannte Größe u bekannt ist, kann zu vorgegebenem Konfidenzniveau $1 - \alpha \in]0;1[$ ein Konfidenzintervall oder Vertrauensintervall bestimmt werden:

1. Ziehen einer Zufallsstichprobe $(X_1, \ldots, X_n)$ vom Umfang n.

2. Berechnung der Punktschätzung $u' = U'(X_1,X_2,\ldots,X_n)$ als Mittelpunkt eines Intervalls $I_{u'}$.

3. Bestimmung der Grenzen u_l und u_r des Intervalls $I_{u'} = [u_l, u_r]$ so, dass $\mathbb{P}(U' \in I_{u'}) = 1 - \alpha$. Es gilt dabei $\mathbb{P}(U' \leq u_l) = \frac{\alpha}{2}$ und $\mathbb{P}(U' \leq u_r) = 1 - \frac{\alpha}{2}$.

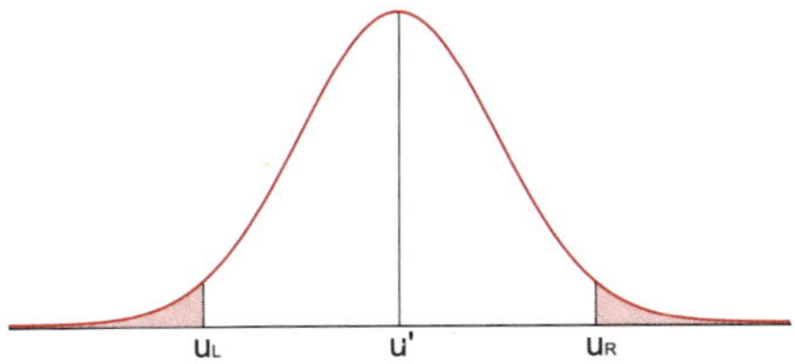

Für konkrete Anwendungen sind dabei zwei Fälle zu unterscheiden.

- Entweder ist die Streuung σ der Größe auf der Gesamtpopulation bekannt
- oder die Streuung σ ist ebenso aus der Stichprobe zu schätzen.

In beiden Situation kann damit die Streuung der Stichprobenverteilung, der Stichprobenfehler, bestimmt werden.

Ist also der Stichprobenfehler $\sqrt{\mathbb{V}(U')}$ bekannt und gilt für die Schätzfunktion U'_n ein zentraler Grenzwertsatz, so wird für genügend großes n approximativ die Normalverteilung benutzt. Beispiele für solche Stichprobenverteilungen sind der Mittelwert $\overline{X}$, der Anteil P, die Standardabweichung S, und jeweils die Differenzen $D_{\overline{X}} = \overline{X_1} - \overline{X_2}$, $D_P = P_1 - P_2$, $D_S = S_1 - S_2$, von zwei dieser Werte auf zwei Stichproben.

U'	u	n, n_1, n_2	$\mathbb{E}(U')$	$\sqrt{\mathbb{V}(U')}$
$\overline{X}$	μ	> 30	μ	$\frac{\sigma}{\sqrt{n}}$
P	π	$> \frac{9}{\pi(1-\pi)}$	π	$\sqrt{\frac{\pi(1-\pi)}{n}}$
S	σ	> 100	σ	$\frac{\sigma}{\sqrt{2n}}$
$D_{\overline{X}}$	μ_1, μ_2	> 30	$\mu_1 - \mu_2$	$\sqrt{\frac{\sigma_1^2}{n_1} + \frac{\sigma_2^2}{n_2}}$
D_P	π_1, π_2	$> \frac{9}{\pi_i(1-\pi_i)}$	$\pi_1 - \pi_2$	$\sqrt{\frac{\pi_1(1-\pi_1)}{n_1} + \frac{\pi_2(1-\pi_2)}{n_2}}$
D_S	σ_1, σ_2	> 100	$\sigma_1 - \sigma_2$	$\sqrt{\frac{\sigma_1^2}{2n_1} + \frac{\sigma_2^2}{2n_2}}$

Beispiel

Wir schätzen einen Mittelwert mit einem Vertrauensniveau von $\alpha = 10\%$. Zur Qualitätskontrolle einer Abfüllanlage für Fruchtsäfte, die an jedem Werktag 60.000 Flaschen mit einer Soll-Füllmenge von 1000 ml produziert, werden 100 Flaschen entnommen und bei dieser Stichprobe wird eine durchschnittliche Füllmenge von 1000,55 ml festgestellt. Auf Grund regelmäßiger Kontrollen weiß man, dass die Füllmenge normalverteilt ist und eine Streuung von $\sigma = 3{,}4$ ml besitzt. Gemäß Momentenmethode wird der Wert $\mathbb{E}(U') = \mathbb{E}(\overline{X}) = 1000{,}55$ geschätzt. Damit ist der Mittelpunkt des Konfidenzintervalls gefunden. Die Schätzfunktion U kann approximativ normalverteilt angenommen werden mit Mittelwert $\mathbb{E}(\overline{X}) = 1000{,}55$ und Stichprobenfehler $\sqrt{\mathbb{V}(\overline{X})} = \frac{3{,}4}{\sqrt{100}} = 0{,}34$. Das 0,05-Quantil der Standardnormalverteilung ist gemäß Tabelle auf der Seite 78 gleich 1,64485. Damit ergeben sich die Intervallgrenzen zu $u_l \approx 1000{,}55 - 1{,}64485 \cdot 0{,}34 \approx 999{,}991$ und $u_r \approx 1000{,}55 + 1{,}64485 \cdot 0{,}34 \approx 1001{,}109$. Also ist zu erwarten, dass die durchschnittliche Füllmenge in 90% der Fälle im Intervall [999,991; 1001,109] liegt.

In den Tabellenkalkulationsprogrammen gibt es eine Funktion, die direkt die halbe Länge des Konfidenzintervalls $I_u = [u_k; u_r]$ einer Normalverteilung zum Konfidenzniveau

$1 - \alpha$ bei Stichprobenumfang n bestimmt.

Halbe Länge $l_{u'}$ bei NV: $\frac{u_r - u_l}{2}$ = KONFIDENZ(α;σ;n)

Testtheorie

Grundlegende Konzepte

In der Testtheorie werden Hypothesen über ein Merkmal einer Grundgesamtheit aufgestellt und dann an Hand einer zufälligen Stichprobe mit wahrscheinlichkeitstheoretischen Mitteln getestet. Eine wichtige Gruppe von Hypothesentests sind die parametrischen Hypothesentest. In der Gruppe der Verteilungs- oder Anpassungstests geht man von Hypothesen über den Verteilungstyp des Merkmals aus. Zusätzlich wird noch nach Unabhängigkeits- oder Differenzentests unterschieden. Hier geht man der Frage nach, ob statistische Aussagen gleichermaßen auf zwei Gesamtheiten zutreffen oder nicht.

Hypothesen

Beim parametrischen Hypothesentest wird für einen Parameter Θ eine Hypothese zu einem konkreten Wert Θ_0 in einer der folgenden Arten aufgestellt. Sie wird als Nullhypothese H_0 bezeichnet. Alle anderen Alternativen über den Parameter werden zur Alternativhypothese H_a zusammengefasst – die logische Negation:

H_0		H_a
$\Theta = \Theta_0$	zweiseitige Punkthypothese	$\Theta \neq \Theta_0$,
$\Theta \leq \Theta_0$	einseitige Bereichshypothese nach unten, Höchsthypothese	$\Theta > \Theta_0$,
$\Theta \geq \Theta_0$	einseitige Bereichshypothese nach oben, Mindesthypothese	$\Theta < \Theta_0$.

Bei der Formulierung der Nullhypothese geht man oft so vor, dass man die zu bestätigende Arbeitshypothese negiert. Ist die Nullhypothese abzulehnen, dann ist die Arbeitshypothese bestätigt.

Nun benötigt man eine Entscheidung für die Festlegung auf H_0 oder H_a. Um eine solche mit wahrscheinlichkeitstheoretischen Techniken zu erzielen, ist die Festlegung auf ein vorab zu wählendes Signifikanzniveau $\alpha \in]0; 1[$ zu treffen. Die Größe α wird auch als Irrtumswahrscheinlichkeit bezeichnet.

Prüfgröße

Es wird eine Prüfgröße T festgelegt, die einen Zusammenhang und Aussagekraft hinsichtlich der aufgestellten Hypothese hat. Bei parametrischen Hypothesentests ist dies die zu diesem Parameter Θ gehörende stichprobenverteilte Zufallsvariable. Bei Anpassungstests ist die Prüfgröße chi-quadrat-verteilt. In vielen Fällen ist die Prüfgröße eine Zufallsvariable, deren Verteilung bekannt oder approximativ bekannt ist, vorausgesetzt, die Nullhypothese ist gültig. Unbekannte Parameter dieser Testverteilung sind gegebenfalls aus der zu ziehenden Stichprobe zu schätzen.

Stichprobe

Es wird eine zufällige Stichprobe $(X_1; \ldots; X_n)$ vom Umfang n gezogen und der zufällige Wert t der Prüfgröße T aus dieser Stichprobe ermittelt.

Entscheidungsregel und Annahmebereich

Je nach Typ der Hypothesen sind nun Wahrscheinlichkeiten zu berechnen unter der Annahme, dass H_0 gilt, und mit α zu vergleichen. Alternativ wird ein Intervall

$$A :=]t_l; t_r[$$

der Werte der Prüfgröße T, der Annahmebereich A mit $\mathbb{P}(A) = 1 - \alpha$ bestimmt. Die Werte t_l und t_r heißen Rückweisungspunkte.

Das Komplement dieses Intervalls nennt man Rückweisungsbereich. Liegt ein Test für eine Punkthypothese vor, dann wird zusätzlich verlangt, dass der Annahmebereich symmetrisch zum Punkt t liegt. Je nach Testsituation wird α_l und α_r mit $\alpha_l + \alpha_r = \alpha$ so gewählt, dass die Rückweisungspunkte sich als Quantile darstellen lassen:

$$t_l = Q_{\alpha_l}, \mathbb{P}(T \leq t_l | H_0) = \alpha_l,$$
$$t_r = Q_{1-\alpha_r}, \mathbb{P}(T \leq t_r | H_0) = 1 - \alpha_r.$$

In der folgenden Tabelle sind die Regeln für eine Bestätigung der Nullhypothese eines Tests angegeben. Ist die jeweilige Bedingung nicht erfüllt, dann wird die Nullhypothese verworfen.

H_0	α_l	α_r
$\Theta = \Theta_0$	$\frac{\alpha}{2}$	$\frac{\alpha}{2}$
$\Theta \leq \Theta_0$	0	α
$\Theta \geq \Theta_0$	α	0

Der Testentscheid erfolgt dann so:

Die Nullhypothese wird beibehalten, falls $t \in]t_l; t_r[$, d.h. $t_l < t < t_r$ gilt. Andernfalls wird sie abgelehnt.

Im Falle von einseitigen Hypothesen kann stattdessen auch die Erfüllung der folgenden Annahmeregel geprüft werden:

Die Nullhypothese wird beibehalten, falls bei einer Mindesthypothese $\mathbb{P}(T \leq t|H_0) \geq \alpha$ bzw. bei einer Höchsthypothese $\mathbb{P}(T \geq t|H_0) \geq \alpha$ gilt. Andernfalls wird sie abgelehnt.

Schema für statistische Tests

1. Aufstellen der Nullhypothese H_0 und der Alternativhypothese H_a sowie eines Signifikanzniveaus $\alpha \in]0; 1[$.

2. Festlegung einer Prüfgröße T, die Aussagekraft hinsichtlich der aufgestellten Hypothese hat. Die Prüfgröße ist eine Zufallsvariable, deren Verteilung unter der Annahme der Gültigkeit der Nullhypothese bekannt ist.

3. Ziehen einer zufälligen Stichprobe $X_1, \dots, X_n$ vom Umfang n.

4. Berechnen des Wertes t der Zufallsvariablen T aus der Stichprobe.

5. Bestimmung des Annahmebereichs $]t_l; t_r[$.

6. H_0 wird beibehalten, falls $t \in]t_l; t_r[$ gilt und abgelehnt, falls $t \notin]t_l; t_r[$ gilt.

Beispiel

Eine Essiggurkenfabrik behauptet, der Mittelwert des Gewichts des Inhalts eines Gurkenglases sei mindestens 1000 g. Eine Handelskette hat daran Zweifel. Sie beauftragt ein Institut mit der Überprüfung. Die Arbeitshypothese ist es, dass in Wirklichkeit im Mittel weniger als 1000 g Gurken in den Gläsern sind. Das Institut stellt also die Nullhypothese $H_0 : \mu \geq \mu_0 := 1000$ auf – eine Mindesthypothese. Es wird das mittlere Gewicht $t = \overline{x} = 995$ auf einer Stichprobe von 400 Gurkengläsern bestimmt. Es kann davon ausgegangen werden, dass eine Streuung von $\sigma = 50$ vorliegt. Die Prüfgröße $T := \overline{X}$ ist die Stichprobenverteilung des Mittelwerts – die, die Gültigkeit von H_0 vorausgesetzt, approximativ normalverteilt mit den Parametern $\mu_{\overline{X}} = \mu_0 = 1000$ und $\sigma_{\overline{X}} = \frac{50}{\sqrt{400}} = 2{,}5$ ist. Bei einer Irrtumswahrscheinlichkeit von $\alpha = 0{,}05$ wird der Annahmebereich durch das 0,05-Quantil 995,888 bestimmt, also $A =]995{,}888; \infty[$. Da $\overline{x} = 995$ außerhalb liegt, ist die Nullhypothese abzulehnen. Alternativ ergibt sich auch aus

$$\mathbb{P}\left(\overline{X} \leq 995 | H_0\right) \approx \mathbb{P}\left(X_{1000;2,5} \leq 995\right) \approx 0{,}0228 < 0{,}05 = \alpha$$

die Ablehnungsentscheidung.

Stichprobenfehler und Güte

Bei der Testentscheidung können zwei verschiedene Fehler passieren.

- Wird die zutreffende Nullhypothese fälschlicherweise abgelehnt, so liegt ein α-Fehler oder Fehler erster Art vor. Die Wahrscheinlichkeit, einen α-Fehler zu begehen, ist $\mathbb{P}(\alpha\text{-Fehler}) = \mathbb{P}(T \notin A | H_0) = \alpha$.
- Wird eine unzutreffende Nullhypothese fälschlicherweise angenommen, so liegt ein β-Fehler oder Fehler zwei-

ter Art vor. Mit Hilfe des Annahmebereichs A und der Kenntnis des richtigen Wertes t_a kann die Wahrscheinlichkeit β, den β-Fehler zu begehen, durch $\beta := \mathbb{P}(\beta\text{-Fehler}) = \mathbb{P}(T \in A | T = t_a)$ berechnet werden.

Beispiel

In Fortsetzung des Beispiels auf Seite 111 sei nun der wahre Wert $\mu = 997$ gegeben. Wir berechnen die Wahrscheinlichkeit einen β-Fehler zu begehen. Diese dann fälschliche Bestätigung der Nullhypothese $H_0 : \mu \geq \mu_0 := 1000$ tritt bei Beobachtung eines Wertes auf der Stichprobe im Annahmebereich $A =]995{,}888; \infty[$ auf. Bei Gültigkeit des Mittelwerts von $\mu = 997$ für die Gurkenglasproduktion ist also die Wahrscheinlichkeit $\mathbb{P}(\overline{X} \in A | \mu = 997) \approx \mathbb{P}(X_{997;2{,}5} \in]995{,}888; \infty[) = 1 - \mathbb{P}\left(X_{0;1} \leq \frac{995{,}888-997}{2{,}5}\right) = 1 - \mathbb{P}(X_{0;1} \leq -0{,}445) = 1 - (1 - \mathbb{P}(X_{0;1} \leq 0{,}445)) = \mathbb{P}(X_{0;1} \leq 0{,}445) = 0{,}5 \cdot 0{,}67003 + 0{,}5 \cdot 0{,}67364 = 0{,}67184$ zu bestimmen. D.h. bei einem solchen wahren Mittelwert würde das Institut in 67,18 % der Fälle die Nullhypothese fälschlicherweise nicht ablehnen können.

Die Wahrscheinlichkeit $1 - \beta$, den β-Fehler nicht zu begehen, also eine nicht zutreffende Nullhypothese auch als falsch zu erkennen, heißt auch Güte oder Trennschärfe des Tests. Da bei einem parametrischen Test die Wahrscheinlichkeit für den β-Fehler vom wahren und unbekannten numerischen Wert Θ des Grundgesamtheitsparameters abhängt, kann die Güte im Normalfall nicht berechnet werden. In Abhängigkeit von jedem möglichen Wert des Parameters Θ kann jedoch die Güte berechnet werden. Die funktionale Beziehung $\Theta \mapsto 1 - \mathbb{P}(T \in A | \Theta)$ nennt man Gütefunktion. Es gilt

$$\lim_{\Theta \to \Theta_a} (1 - \mathbb{P}(T \in A | \Theta)) = \alpha$$

für den wahren Wert Θ_a. Die grafische Darstellung der Funktion $t \mapsto \mathbb{P}(T \in A|\Theta)$ heißt auch Operationscharakteristik oder OC-Kurve.

Beispiel

In der folgenden Grafik sind sowohl Operationscharakteristik als auch Gütefunktion für das Beispiel auf den Seiten 111 und 112 dargestellt.

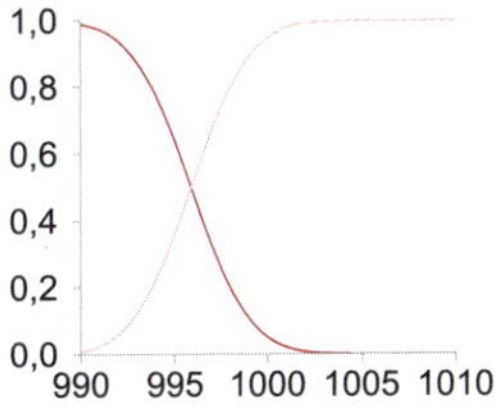

Verbesserungen der Gütefunktion sind durch

- Erhöhung des Signifikanzniveaus α und durch
- Erhöhung des Stichprobenumfangs n

zu erzielen.

Hypothese zum Verteilungstyp

Ist die Verteilung eines Merkmals in einer Population unbekannt, so macht eine Verteilungshypothese eine Aussage über diese unbekannte Verteilung. Die Hypothesenprüfung stellt dann fest, ob eine in einer Zufallsstichprobe gefundene Verteilung mit hinreichender Güte der in der Nullhypothese behaupteten Verteilung entspricht. In anderen Worten, man fragt danach, ob die Verteilung in einer Stichprobe mit hinreichender Güte an eine theoretisch behauptete Verteilung der Grundgesamtheit angepaßt werden kann.

Beispiel

Die diskrete Zufallsvariable „Augenzahl beim einfachen Würfelwurf" folgt, falls der Würfel fair ist, folgender Verteilung.

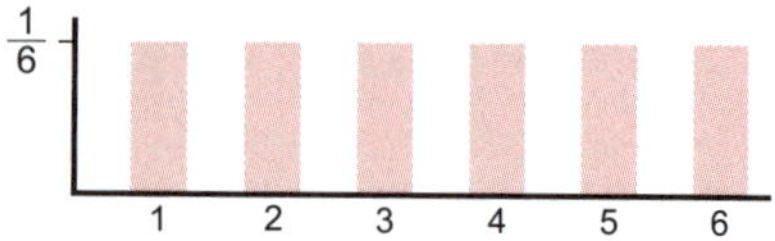

Wirft man mit einem Würfel 120-mal und erzielt folgende Häufigkeitsergebnisse $(1; 15), (2; 22), (3; 25), (4; 19), (5; 23), (6; 16)$ so ist die Frage, ob dieser Würfel fair ist, gleichbedeutend mit der Frage nach der Anpassung der zugehörigen Verteilung an die theoretische Verteilung $\left((i; \frac{1}{6})_{1 \leq i \leq 6}\right)$.

Chi-Quadrat-Anpassungstest

Ist X	eine Zufallsvariable und ist
k	die Anzahl der Klassen oder diskreten Werte,
n	der Stichprobenumfang,
$e_i, 1 \leq i \leq k$	die Anzahl des erwarteten Auftretens von Werten der Klasse i in Abhängigkeit der Nullhypothese H_0 über eine Verteilung von X,
$b_i, 1 \leq i \leq k$	die Anzahl des beobachteten Auftretens von Werten der Klasse i

so berechnet man die mit den erwarteten Werten relativierten, quadrierten Differenzen

$$\frac{(b_i - e_i)^2}{e_i}.$$

Deren Summe für $1 \leq i \leq n$ wird als Pearson'sche Prüfgröße U verwendet. Falls für jede der erwarteten Größen $e_i \geq 5$ gilt, ist

$U := \sum_{i=1}^{k} \frac{(b_i - e_i)^2}{e_i}$ approximativ χ^2-verteilt mit Freiheitsgrad $k-1$.

Sind die erwarteten Größen e_i kleiner als 5, dann können Intervalle zusammengefasst werden.

Das Chi-Quadrat-Anpassungstestverfahren verwendet diese Prüfgröße. Bei gegebenem Signifikanzlevel $\alpha \in]0;1[$, Nullhypothese H_0 über die Verteilung von X und auf der Stichprobe berechnetem u ist die Entscheidungsregel für die Annahme von H_0:

$$\mathbb{P}(U \geq u | H_0) \geq \alpha.$$

Man beachte, dass ein Freiheitsgrad dadurch verloren geht, dass nach Beobachtung der Anzahlen b_i von $k-1$ der k Klassen die Anzahl der letzten Klasse durch den Stichprobenumfang n gegeben ist.

Beispiel

In Fortsetzung des Beispiels auf Seite 113 wird nun der Wert u von U in der beobachteten Situation berechnet. Es gilt $e_i = 20 = \frac{1}{6}120$ und damit $u = \frac{(15-20)^2}{20} + \frac{(22-20)^2}{20} + \frac{(25-20)^2}{20} + \frac{(19-20)^2}{20} + \frac{(23-20)^2}{20} + \frac{(16-20)^2}{20} = 4{,}0$. Bei einem gegebenen Signifikanzniveau von $\alpha = 0{,}1$ ist die Hypothese, dass eine Gleichverteilung der Augenzahlen vorliegt, wegen der Entscheidungsregel $\mathbb{P}(U \geq 4{,}0) = \mathbb{P}(\chi_5^2 \geq 4{,}0) \approx 0{,}549 > \alpha = 0{,}1$ anzunehmen. Dabei wurde die Wertetabelle auf

Seite 86 verwendet. Man beachte, dass bei einer Verteilung der Werte (1; 17), (2; 18), (3; 17), (4; 17), (5; 17), (6; 34) die Prüfgröße den Wert 11,8 annimmt und damit die Wahrscheinlichkeit auf den Wert 0,0386 $< \alpha$ sinkt. In diesem Fall würde die Hypothese, dass eine fairer Würfel vorliegt, abzulehnen sein.

Anpassungstest für stetige Zufallsvariablen

Bei stetigen Zufallsvariablen oder einer Zufallsvariablen mit nicht endlich vielen Werten ist so vorzugehen:

- Bildung von endlich vielen, gegebenenfalls anwendungsbezogen Intervallen als Klassen. Diese Klassen bilden eine Partition des Wertebereichs der Zufallsvariablen.
- Gegebenenfalls sind für die theoretische Verteilung notwendige Parameter wie Mittelwert μ und Standardabweichung σ aus der Stichprobe zu schätzen. Für jeden aus der Stichprobe geschätzten Parameter reduziert sich der Freiheitsgrad um 1.
- Alternativ können Hypothesen zu solchen Parametern in die Nullhypothese aufgenommen werden. In diesem Fall ist der Freiheitsgrad nicht zu reduzieren.

Unabhängigkeitstest

Zwei Zufallsvariablen X und Y sollen auf stochastische Unabhängigkeit untersucht werden. Um den Test durchführen zu können, müssen die Werte von X in k Kategorien und die von Y in l Kategorien vorliegen, bzw. entsprechende Partitionen E_i bzw. F_j von $\mathbb{R}$ gebildet worden sein und die Wahrscheinlichkeiten

$$p_{i,j} := \mathbb{P}(E_i \cap F_j)$$

bekannt sein. Die Häufigkeiten

$$n_{i,j} := \mathbb{P}(X \in E_i, Y \in F_j)$$

des Auftretens von $E_i \cap F_j$ bei einer Stichprobe $(X_k; Y_k)$ vom Umfang n werden in einer Kontingenztabelle

$$(n_{i,j})_{1 \leq i \leq k, 1 \leq j \leq l} \in \mathbb{N}^{k \times l}$$

zusammengestellt und ihre Zeilensummen $n_{i,\bullet}$ und Spaltensummen $n_{\bullet,j}$ gebildet:

$$n_{i,\bullet} := \sum_{1 \leq j \leq l} n_{i,j}, \; n_{\bullet,j} := \sum_{1 \leq i \leq m} n_{i,j}$$

Bei Unabhängigkeit der beiden Variablen sind die erwarteten Häufigkeiten $e_{i,j} := \frac{n_{i,\bullet} n_{\bullet,j}}{n}$ mit den beobachteten Häufigkeiten $n_{i,j}$ zu vergleichen. Die Prüfgröße

$$\sum_{1 \leq i \leq k} \sum_{1 \leq j \leq l} \frac{(n_{i,j} - e_{i,j})^2}{e_{i,j}} \sim \chi^2_{(k-1)(l-1)}$$

ist chi-quadrat-verteilt mit Freiheitsgrad $(k-1)(l-1)$, falls in jeder Kategorie genügend viele Beobachtungen liegen. Als eine Faustregel dafür gilt, dass bei den theoretischen Werten $e_{i,j} \geq 5$ gilt.

Vierfeldertest nach Fisher

Im Spezialfall $k = l = 2$ kann auch für kleine Stichproben, die die Bedingungen des letzten Abschnitts nicht erfüllen, ein Unabhängigkeitstest für zwei dichotome Merkmale X und Y mit Kategorien E_1 und E_2 bzw. F_1 und F_2 vorgenommen werden. Liegt Unabhängigkeit vor, so ist lediglich eine der vier beobachteten Größen – z.B. die kleinste davon – frei. Ohne Einschränkung gilt also $n_{1,1} \leq n_{1,2}$, $n_{1,1} \leq n_{2,1}$, $n_{1,1} \leq n_{2,2}$. Ingesamt liegt also folgende Vierfeldertafel vor:

	$Y \in F_1$	$Y \in F_2$	
$X \in E_1$	$n_{1,1}$	$n_{1,2}$	$n_{1,1} + n_{1,2}$
$X \in E_2$	$n_{2,1}$	$n_{2,2}$	$n_{2,1} + n_{2,2}$
	$n_{1,1} + n_{2,1}$	$n_{1,2} + n_{2,2}$	n

Der Wert $n_{1,1}$ ist Ausprägung einer Zufallsvariablen N, die unter der genannten Bedingung hypergeometrisch verteilt ist – siehe Seite 73. Folglich gilt es

$$\mathbb{P}(N \leq n_{1,1} | X, Y \text{ unabhängig}) =$$
$$\mathbb{P}(H_{n;n_{1,1}+n_{1,2};n_{1,1}+n_{2,1}} \leq n_{1,1}) = \sum_{b=0}^{n_{1,1}} \frac{\binom{n_{1,1}+n_{1,2}}{b}\binom{n_{2,1}+n_{2,2}}{n_{1,1}+n_{2,1}-b}}{\binom{n}{n_{1,1}+n_{2,1}}}$$

mit dem gegebenen Signifikanzlevel α zur Testentscheidung zu vergleichen.

Stichwortverzeichnis

Bibliografische Information der Deutschen Nationalbibliothek
Die Deutsche Nationalbibliothek verzeichnet diese Publikation in der Deutschen Nationalbibliografie; detaillierte bibliografische Daten sind im Internet über http://dnb.d-nb.de abrufbar.

Print: ISBN 978-3-648-03549-8 **Bestell-Nr. 00346-0002**
ePDF: ISBN 978-3-648-03550-4 **Bestell-Nr. 00346-0151**

2. aktualisierte Auflage 2012

Redaktionsanschrift: Fraunhoferstraße 5, 82152 Planegg/München
Telefon: (089) 895 17-0,
Telefax: (089) 895 17-290
www.haufe.de
online@haufe.de
Internet: www.haufe.de
Lektorat: Helmut Haunreiter, 84533 Marktl
Redaktion: Jürgen Fischer
Redaktionsassistentin: Christine Rüber

Konzeption und Realisation: Sylvia Rein, 81379 München
Umschlaggestaltung: kienle gestaltet, Stuttgart
Grafiken Innenteil: Ismail Günay, 94496 Deggendorf
Umschlagentwurf: Agentur Buttgereit & Heidenreich, 45721 Haltern am See
Druck: freiburger graphische betriebe, 79108 Freiburg

Die Autoren

Prof. Dr. Johannes Grabmeier

Dipl.-Mathematiker, ist Professor für Wirtschaftsinformatik und Informatik an der Hochschule Deggendorf. Er lehrt Mathematik, Statistik, Operations Research und Data-Mining.

Prof. Dr. Stefan Hagl

Dipl.-Volkswirt, ist Fachbuchautor und Professor für Statistik an der Hochschule Deggendorf sowie Analyst und Berater für analytisches CRM, Data-Mining und Direktmarketing.

Weitere Literatur

„Betriebswirtschaftliche Formelsammlung" von Prof. Dr. Jörg Wöltje, 400 Seiten, mit CD-ROM, € 29,95.
ISBN 978-3-648-03076-9, Best. Nr. 01041

„Formelsammlung Wirtschaftsmathematik" von Prof. Dr. Edda Eich-Soellner, 127 Seiten, € 6,90.
ISBN 978-3-448-10227-7, Best. Nr. 00871